Laboratory Experiments for
General Chemistry

# 일반화학실험

이석중 · 전민아 · 최진주
고려대학교 교양화학실

Laboratory Experiments for
General Chemistry

# 일반
# 화학
## 실험

이석중 · 전민아 · 최진주
고려대학교 교양화학실

 북스힐

# 머리말

    화학은 매우 깊고 넓다. 세상에 존재한 적이 없는 물질을 새롭게 합성해 내기도 하고 이를 위해 원자들이 서로 만나 다른 분자를 만드는 과정을 연구하는 상당히 매력적인 학문이다. 이렇게 광범위한 학문인 화학의 이론을 이해하는 것은 쉽지 않지만, 일반화학실험을 통해 자연계 신입생들에게 과학에 대한 관심을 갖게 하고, 이로 말미암아 진리의 상아탑을 향한 기초를 제공해 주는 것은 자연계 신입생들이 전공을 계속해서 공부하는 데 있어서 중요한 기초로 작용하게 하는 아주 중요한 일이다.

    일반화학 과목을 통해 경험한 이론적 원리를 자신의 것으로 만드는 과정 가운데 가장 좋은 방법은 실험을 통해 직접 관찰하고 이해하는 것이며, 이를 위해 본 실험교재에서는 일반화학 강의에서 배운 내용 가운데 중요한 이론과 관련된 실험들을 다루고 있다. 이는 일반화학 교재로부터 배운 이론과 지식을 실제와 연결해서 실험을 실시하여 보다 정확한 지식을 습득하게 도움을 주려한다. 그러므로 학생 스스로가 효과적으로 실험을 수행할 수 있도록 보다 기초적인 면에 관심을 두어 세밀하게 엮으려고 노력했다.

    본 교재에서는 실험의 기본인 측정 및 분석과 더불어 화학평형, 유기합성, 고분자, 금속착물, 전기화학, 나노화학, 분광학 등 화학의 기초가 되는 모든 분야의 실험 과제를 선정하여 일반화학 실험과목을 수강하는 학생이 일반화학 전반에 걸쳐 실험교육을 받을 수 있도록 하였다.

본 교재가 일반화학 및 실험 과정을 수강하는 이공계 신입생들에게 다소의 도움이 되어 자신의 전공과목을 공부하는데 기초가 될 수 있다면 감사하게 생각할 것이며, 내용 가운데 다소 부족한 점들은 점차로 수정 및 개선을 진행할 것이다. 또한 이 책을 제작하는데 있어서 많은 도움을 준 고려대학교 교양화학실 여러분들께 감사를 드린다.

대표저자 이석중

# 차 례

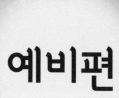

# 예비편

# A 실험실 안전 수칙 및 실험기구 사용법

## I. 목적

- 실험실에서의 안전수칙을 사전에 익힌다.
- 실험실 사고에 대한 응급처치 요령을 사전에 익힌다.
- 실험실에서 쓰이는 기본 도구의 용도 및 사용법을 익힌다.
- 측정값을 유효 숫자를 고려하여 처리하고 결과의 불확정도를 이해한다.

## II. 실험실에서의 기본수칙

화학 실험실은 강의시간에 다룬 이론적인 지식들에 대하여 실험을 통하여 그 배경지식과 원리들을 익히는 장소이다. 따라서 화학 실험은 새로운 지식에 대한 호기심과 탐구심을 가지고 임해야 하며, 그것을 통해 학문적인 성취와 즐거움이 있어야 한다. 하지만 대부분의 화학 실험이 많은 유해성 시약과 위험성을 내재하고 있는 유리기구들, 전기 제품들, 그리고 화기를 빈번하게 사용하기 때문에 실험을 수행하는 학생 및 연구자들에게 위험한 사고가 발생할 가능성이 매우 높은 편이다. 따라서 화학실험을 수행하기 전에 실험실 안전 수칙을 반드시 숙지하고 있어야 하며, 모든 실험은 주어진 안전 절차에 따라 수행하여야 한다. 또한 실험을 시작하기 전에 실험의 내용에 대하여 충분히 알아두어야 한다.

## III. 실험실에서의 안전수칙

### 1. 복장 및 실험실에서의 행동

1) 반바지, 치마 등의 착용을 삼가하고, 산이나 염기에 비교적 강한 재질로 된 실험복을 항상 착용하여야 한다.

2) 하이힐, 샌들, 슬리퍼 등의 착용을 삼가하고, 발등을 덮고 잘 미끄러지지 않는 운동화 (또는 구두)를 착용하여야 한다.

3) 긴 머리의 경우 불꽃에 노출되거나 화학물질에 쉽게 오염될 수 있으며 장치들에 끼일 가능성이 있으므로 반드시 단정하게 묶어주어야 한다.

4) 위험한 화학 물질 또는 깨어진 유리 조각들이 눈에 들어가게 되면 실명할 우려가 있으므로 반드시 보안경을 착용하여야 한다.

5) 실험을 할 때는 언제나 실험의 목적과 방법을 충분히 이해하고 수행하도록 한다. 실험에 대한 준비가 되지 않은 학생은 본인은 물론 다른 학생들에게 위험을 초래할 수도 있다.

6) 실험에 불필요한 가방이나 외투 등은 지정된 장소에 보관한다.

7) 실험을 수행할 때는 절대로 혼자서 실험하면 안 되며, 적어도 한 명이 항상 함께 있어야 한다.

8) 실험이 종료된 후에는 사용한 각종 기구 및 시약은 항상 본래의 위치에 가져다 놓고, 실험실을 나가기 전에 실험대 위를 닦고 비누와 물로 손을 꼭 씻는다.

9) 실험실에서는 허가되지 않은 실험은 절대로 하여서는 안 된다.

10) 만일 실험실에서 사고가 났다면 즉시 강사에게 보고한다.


### 2. 시약 및 실험기구 사용

1) 시약을 이동해야 할 경우 시약병을 정확히 한 손으로 받치고 다른 한 손으로는 병의 몸통을 잡고 이동해야만 한다. 절대 뛰거나 흔들어서는 안 되며, 냄새를 맡아서도 안 된다. 독성이 있거나 냄새가 심한 기체가 발생할 때에는 항상 후드에서 실험하여야 한다. 후드를 사용할 때에는 후드 안에 머리를 넣지 않도록 한다.

2) 화학 실험실에서 사용하는 대부분의 시약은 유독성 물질이기 때문에 맛을 보아서는 안 된다. 특히 합성한 시약을 시중에서 판매되는 물질과 같은 물질이라고 판단하여

맛을 보거나 먹어서는 절대로 안 된다. 실험실에 합성된 물질들은 정제되지 않은 것이므로 검증되지 않은 불순물들을 포함하고 있기 때문에 치명적일 수 있다.

3) 시약은 반드시 시약병에 표기된 정보들을 확인한 후 사용하여야 한다. 화학 반응의 각 단계에서 실수로 다른 시약을 사용하였을 때에는 위험 물질 발생, 폭발, 연소 등 예기치 않은 사고를 유발할 수 있다.

4) 실험에 사용한 물질은 종류(산, 염기, 유기물, 고체 등)에 따라 회수통에 분리하여 회수하여야 한다. 함부로 싱크대나 휴지통에 버려서는 안 된다. 시약병에서 따라낸 과량의 시약 역시 회수통에 버리도록 한다. 절대로 시약들을 원래의 시약병에 다시 담아서는 안 된다.

5) 깨진 유리 용기를 쓰레기통에 버리지 말고 지정된 장소에 버린다.

6) 가열 장치를 사용하지 않을 경우는 항상 꺼 놓아야 한다.

<독성이 있거나 냄새가 심한 기체가 발생할 때에는 항상 후드에서 실험하여야 한다. 후드를 사용할 때에는 후드 안에 머리를 넣지 않도록 한다.>

<실험에 사용한 물질은 종류(산, 염기, 유기물, 고체 등)에 따라 회수통에 분리하여 회수하여야 한다. 함부로 싱크대에 버려서는 안 된다.>

<실험에 사용한 것(장갑, 휴지, 유산지)은 폐기물 봉투(노란색)에 버려야 한다.>

<안 좋은 예>                    <좋은 예>

# IV. 실험실 사고에 대한 응급처치 요령

## 1. 시약을 쏟았을 경우

피부나 옷에 시약을 쏟았을 경우에는 흐르는 수돗물로 10분 이상 씻어낸다. 몸의 넓은 부위에 시약을 쏟았을 경우에는 샤워로 충분히 씻어낸다. 피부에 상처가 생겼을 경우에는 아무 약이나 바르지 말고, 깨끗한 붕대로 상처를 보호한 다음에 의사에게 적절한 치료를 받아야 한다.

## 2. 눈에 시약이 들어갔을 경우

개수대에 설치되어 있는 아이샤워를 이용한다. 눈을 뜬 상태로 수돗물을 흘려주어 10분 이상 씻은 후에 즉시 의사의 치료를 받는다. 손으로 눈을 비비지 않도록 주의한다.

## 3. 화재가 발생했을 경우

버너나 전열기 등을 모두 끄고, 인화성 물질을 먼 곳으로 옮긴 후, 방독면을 착용한 후에 '화학 화재용 소화기'를 사용해서 불을 끈다. 물과 잘 섞이지 않는 유기 용매에 불이 붙었을 경우에는 물을 사용해서는 절대 안 된다. 화학 실험실에서 일어난 화재의 경우에는 독성 가스에 의한 피해가 우려되기 때문에 화재경보기를 작동시켜서 건물 내의 모든 사람들에게 위험을 알리고, 학교 당국에 즉시 보고해야 한다.

## 4. 옷에 불이 붙었을 경우

당황해서 뛰어다니지 말고, 바닥에 누운 후에 실험복과 같은 옷이나 소화 담요를 사용해서 불을 끈다. 바닥에 몸을 굴려서 불을 끌 수도 있고, 얼굴에 가까운 부위가 아니라면 화학화재용 소화기를 사용해도 되며, 유기 용매에 의한 불이 아닐 경우에는 물을 사용해도 좋다.

## 5. 화상을 입었을 경우

화상이 심할 경우에는 아무 연고나 함부로 바르지 말아야 한다. 상처를 깨끗한 헝겊으로 덮은 다음에 즉시 의사의 치료를 받아야 한다. 화상이 심하지 않을 경우에는 차가운 물로 씻어서 열기를 식힌 후에 화상 연고를 바르고 붕대로 덮는다.

## 6. 유기기구를 깼을 경우

유기기구를 깼을 경우는 당황하지 말고 자신과 주위의 동료들이 다치지 않게 깨진 유리기구를 신속하게 치운다. 깨진 유리조각은 눈에 잘 보이지 않기 때문에 조심한다.

## 7. 피부를 베었을 경우

상처를 소독약으로 소독하고, 유리 파편 등을 완전히 제거한 다음 깨끗한 수건으로 눌러서 지혈을 시킨다. 상처가 심각할 경우에는 의사의 치료를 받아야 한다.

## 8. 시약을 마셨을 경우

즉시 손을 입에 넣어서 마신 것을 모두 토하도록 한 후에 의사의 치료를 받는다.

## 9. 유독한 기체를 마셨을 경우

즉시 통풍이 잘 되는 곳으로 옮기고 앉거나 누워서 깊게 호흡을 한다. 다량의 기체를 마셨을 경우에는 즉시 의사의 치료를 받아야 한다.

## 10. 폭발이 발생했을 경우

실험실의 모든 학생들은 가까운 출구를 이용해서 대피해야 한다. 폭발로 인하여 화재가 발생했을 경우에는 일반 화재와 같이 처리한다.

# V. 실험실에서 쓰이는 기본 도구

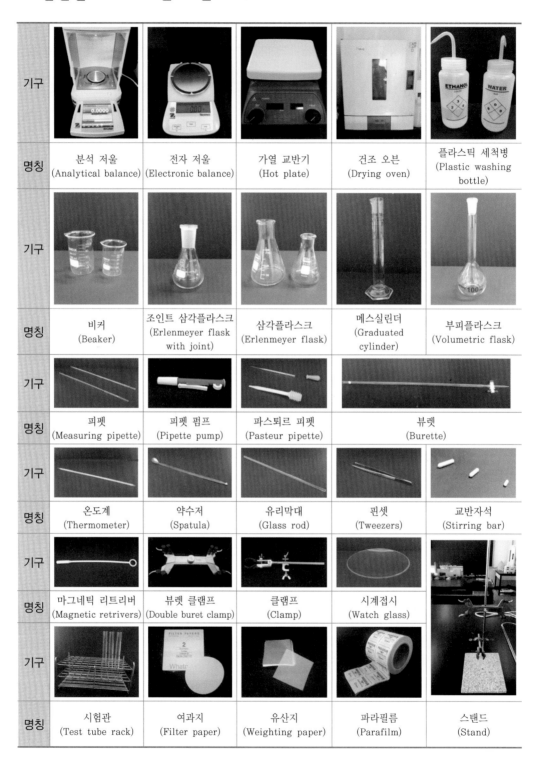

| 기구 | | | | |
|---|---|---|---|---|
| 명칭 | 분석 저울<br>(Analytical balance) | 전자 저울<br>(Electronic balance) | 가열 교반기<br>(Hot plate) | 건조 오븐<br>(Drying oven) | 플라스틱 세척병<br>(Plastic washing<br>bottle) |

| 기구 | | | | |
|---|---|---|---|---|
| 명칭 | 비커<br>(Beaker) | 조인트 삼각플라스크<br>(Erlenmeyer flask<br>with joint) | 삼각플라스크<br>(Erlenmeyer flask) | 메스실린더<br>(Graduated<br>cylinder) | 부피플라스크<br>(Volumetric flask) |

| 기구 | | | |
|---|---|---|---|
| 명칭 | 피펫<br>(Measuring pipette) | 피펫 펌프<br>(Pipette pump) | 파스퇴르 피펫<br>(Pasteur pipette) | 뷰렛<br>(Burette) |

| 기구 | | | | |
|---|---|---|---|---|
| 명칭 | 온도계<br>(Thermometer) | 약수저<br>(Spatula) | 유리막대<br>(Glass rod) | 핀셋<br>(Tweezers) | 교반자석<br>(Stirring bar) |

| 기구 | | | |
|---|---|---|---|
| 명칭 | 마그네틱 리트리버<br>(Magnetic retrivers) | 뷰렛 클램프<br>(Double buret clamp) | 클램프<br>(Clamp) | 시계접시<br>(Watch glass) |

| 기구 | | | | |
|---|---|---|---|---|
| 명칭 | 시험관<br>(Test tube rack) | 여과지<br>(Filter paper) | 유산지<br>(Weighting paper) | 파라필름<br>(Parafilm) | 스탠드<br>(Stand) |

| 기구 | | | |
|---|---|---|---|
| 명칭 | 수위조절기<br>(Water level<br>regulator) | 진공어답터<br>(Vacuum adapter) | 수위조절관<br>(Apparatus for gas volume<br>measurements) |
| 기구 | | | |
| 명칭 | 감압 플라스크<br>(Filtering flask) | 뷰흐너 깔때기<br>(Buchner funnel) | 고무 가스켓<br>(Rubber gasket) |

아스피레이터<br>(Aspirator)

# VI. 실험실에서 쓰이는 기본 도구의 사용법

화학은 자연 현상에 대한 정확한 관찰과 측정을 체계적으로 정리하여 논리적인 해석을 추구함으로써 자연 법칙을 이해하려는 분야이다. 따라서 화학 실험에서의 관찰과 측정은 화학을 배우는 첫 단계라고 할 수 있으며 관찰과 측정의 결과는 정확하게 기록하고, 이것을 근거로 실험의 내용을 체계적으로 분석할 수 있어야 한다. 화학 실험에서 관찰은 색깔의 변화, 고체의 생성, 기체의 발생 등과 같은 정성적인 것도 있지만, 화학 실험의 핵심은 역시 부피, 질량, 온도와 같은 물리량을 정확하게 측정하는 것이다. 이러한 물리량을 측정하기 위해 눈금이 새겨진 유리 기구, 저울 또는 온도계와 같은 기구를 사용하며, 기구의 정밀도와 취급방법에 따라 측정 결과가 조금씩 달라진다. 따라서 실험에서 원하는 정밀도에 따라 적절한 기구를 선택해야 하고, 그 기구의 정확한 사용법을 충분히 익혀서 재현성이 있는 측정값을 얻을 수 있도록 훈련해야 한다.

# 1. 일반화학 실험에서 사용하는 부피측정용 유리 기구

눈금이 있는 화학용 체적계에는 수용체적계(to contain)와 출용체적계(to deliver)가 있는데, 수용은 건조상태에서 넣은 액체량을 나타내고, 출용은 유출된 소정의 체적을 나타낸다. 수용은 E 또는 In으로, 출용은 A 또는 Ex로 표시한다.

## 1) 메스실린더(graduated cylinder)

메스실린더 또는 눈금실린더는 액체의 부피를 어림으로 측정하는 경우에 사용된다. 메스실린더는 측정하고자 하는 액체의 부피에 알맞은 것을 사용해야 한다. 눈금이 있는 부분이 넓고 그냥 기울여서 붓는 형태로 액체를 옮기기 때문에 정확도와 정밀도는 낮은 편이다.

① 깨끗이 세척한 후 건조한 상태로 사용하는 것이 이상적이며, 내부에 물방울이 남아 있을 경우에는 취하려고 하는 용액 소량으로 내부를 3회 정도 씻어낸 후 사용한다.
② 용액을 채울 때에는 메니스커스** 밑 부분을 플라스크의 눈금에 맞추도록 한다. (사용되는 물질에 따라 다를 수 있다.)
③ 채워진 용액의 메니스커스 및 유효숫자를 고려하여 읽어준다.

** 메니스커스(meniscus)

모세관 속에 있는 액체의 표면의 모습은 표면장력에 의해 주위가 중앙에 비해 곡면을 형성한다. (올라간 모습도 있고 내려간 모습도 있다.)
이때 이 모습을 메니스커스라고 부르는데, 용매 분자 사이의 상호작용, 용매와 관벽과의 상호작용의 크기 차이에 의해 형성된다. 액체로 채워진 유리기구에서 눈금을 판독할 때, 정확한 측정을 위해 메니스커스를 고려해야 한다. 일반적으로 메니스커스를 읽을 때 위로 볼록한 경우(Convex meniscus) 최상부를 읽고, 아래로 패인 경우(Concave meniscus) 최하부를 읽는다.

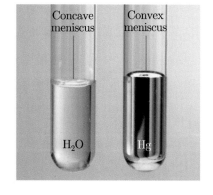

## 2) 뷰렛(burette)

뷰렛은 일반적으로 정확한 측정이 필요한 경우에 사용한다. 눈금이 새겨진 긴 유리관에 아래쪽 끝에 유리로 만든 콕 또는 고무관과 핀치콕이 있는 가느다란 유리관이 붙어 있다. 이것을 열고 닫으면서 내부의 액체를 조금씩 떨어뜨려 사용하며, 이때 떨어뜨리기 전의 눈금과 떨어뜨린 후의 눈금의 차에서 배출된 액체의 부피를 정확히 측정할 수 있다. 일정한 양의 액체를 취하거나 반응그릇에 들어가는 액체의 양을 측정하기에 용이하도록 위에서부터 눈금이 새겨져 있다. (뷰렛은 출용 체적계이다.)

뷰렛을 사용하기 전에는 콕의 옆으로 액체가 새어 나오지 않는가를 반드시 확인해야 하며 세척할 때에 콕이 빠지지 않도록 조심해야 한다. 또한 뷰렛을 이용한 부피측정을 하기 전에 콕 아래의 유리관에 소정의 용액으로 가득 차 있는지(공기 방울이 없는지) 반드시 확인해야 한다. 뷰렛을 사용할 때에 특정한 눈금에 메니스커스를 정확히 맞출 필요는 없으나 액체의 메니스커스가 뷰렛의 가장 아래쪽 눈금보다 아래로 내려가지 않도록 주의해야 한다.

① 뷰렛을 세척액으로 씻고 증류수로 두세 번 헹구어 준 후 에탄올로 물기를 닦아내고 말린다.
② 콕을 잠그고 뷰렛 안에 용액을 넣는다. (이 때 사용할 용액의 양보다 더 많이 넣어야 한다)
③ 콕을 열어 용액을 세게 흘려 줌으로써 콕 아래쪽의 유리관의 공기방울을 제거한다.
④ 공기방울이 없어지면 콕을 잠근다.
⑤ 콕을 조금 열어 용액을 흘려내면서 뷰렛에 담긴 용액의 메니스커스를 특정 눈금에 맞춘다.
⑥ 용액의 메니스커스와 뷰렛의 눈금이 일치하면 콕을 잠그고 이때의 값을 유효 숫자를 고려하여 기록한다.
⑦ 배출구에 맺힌 용액의 방울은 유리막대나 비커의 벽면에 대어 제거한다.
⑧ 뷰렛에 담긴 용액을 다른 용기로 옮길 때는 콕을 이용하여 그 속도 및 양을 조절하고 배출구에는 방울이 맺혀있지 않도록 주의한다.
⑨ 옮겨진 용액의 부피는 나중 눈금에서 처음 눈금을 빼어 계산한다.

### 3) 피펫(measuring pipette)

피펫은 일정한 양의 액체를 정확히 취하기 위해 사용하는 유리기구로, 유리관의 중앙부에 부풀어진 곳이 있어서 일정용적을 취할 수 있게 한 홀피펫과, 뷰렛처럼 유리관에 세밀하게 눈금이 있고 유출 도중에도 용적을 볼 수 있게 된 몰피펫(또는 메스피펫)으로 크게 나뉜다. 피펫을 사용할 때는 피펫 펌프(pipette pump)를 사용하고 절대 입으로 빨아들이는 행동은 하지 않는다. 정밀도는 홀피펫이 높지만, 몰피펫은 임의의 양의 액체를 취하는 데 편리하다.

① 피펫과 피펫 펌프를 결합 후 A의 피스톤이 뒤로 밀리면 피펫으로 용액이 들어오고 피스톤이 앞으로 오면 피펫의 용액이 배출된다.
② B의 톱니바퀴는 피스톤 A를 움직이게 하는 미동나사이다. 그림에서 B를 시계방향으로 돌리면 피스톤이 뒤로 밀리면서 피펫에 용액이 흡입된다.
③ C를 누르면 피펫 펌프의 공기구멍이 열리면서 펌프 내부로 공기가 유입되고 피펫에 담긴 용액은 배출된다.
④ 이 펌프의 용량은 10 mL이므로 10 mL 이상의 용량을 갖는 피펫에 사용하기엔 부적합하며 1 mL 피펫에 사용할 경우엔 펌프로 용액이 유입되지 않도록 각별히 주의해야 한다.
⑤ 사용 용량에 맞게 피펫을 선택하여 사용한다.
⑥ 용액이 피펫에 들어있을 경우 눕혀 놓지 않는다.
⑦ 사용 후 깨끗이 세척 후 완전히 건조한다.


### 4) 부피 플라스크(volumetric flask)

부피측정용 플라스크는 일정한 양의 액체를 정확히 취할 수 있도록 눈금이 새겨진 플라스크로, 보통 일정한 농도의 표준용액을 만들 때 주로 사용한다. 표준 용액을 만드는 방법은 다음과 같다. 먼저 용질의 양을 정확히 측정하여 플라스크에 넣고 소량의 용매에 녹인 후 (용질이 전부 녹지 않았다면 용매를 더 첨가하고 흔들어서 녹인다.) 용매를 눈금까지 채워 메니스커스를 눈금에 일치시킨다. 마개를 막고 흔들어서 균일한 용액이 되도록 섞는다. 플라스크는 일정한 온도에서 사용하도록 되어 있으므로 절대로 용질을 녹이기 위해 플라스크를 가열해서는 안 된다.

① 깨끗이 세척한 후 건조한 상태로 사용한다.
② 용액을 채울 때에는 메니스커스 밑 부분을 플라스크의 눈금에 맞추도록 하고, 꼭 맞는 마개를 사용하여 플라스크를 흔드는 과정에서 용액이 새지 않도록 조심해야 한다.
③ 작은 부피의 부피플라스크를 사용할 때에는 손이 눈금 아랫부분에 닿지 않도록 조심한다. 손이 플라스크 아랫부분에 닿으면 용기 또는 용액의 부피 팽창에 의해 부피의 오차를 수반한다.

## 2. 일반화학 실험에서 사용되는 기구

### 1) 비커(beaker)

용액을 취할 때 일반적으로 가장 많이 사용된다. 원래 술을 담는 잔의 의미에서 바뀌어 액체를 담는 용기를 말한다. 주로 화학 반응을 하기 위한 액체 또는 용액을 넣어 각종 반응, 가열, 냉각, 방치, 교반 등 일반화학 조작에 널리 쓰인다. 그 대표적인 것은 따르는 주둥이가 있는 유리 용기이다. 목적, 용도에 따라 여러 가지가 있는데, 작게는 1~3 mL 정도의 미크로 비커(micro beaker)에서, 크게는 5 L 정도까지 있다. (일반화학 실험에서는 50 mL~1 L 비커를 주로 사용한다.) 비커의 눈금은 굵고 눈금이 있는 부분이 넓기 때문에 정확한 **부피를 측정하려는 것은 잘못된 실험 방법**이다.

### 2) 삼각플라스크(erlenmeyer flask)

보통 유리를 이용해 만들어지며, 옆에서 본 몸체의 모양이 삼각형을 이루고 있어 삼각플라스크라 한다. 독일의 유기 화학자였던 에밀 에를렌마이어(Emil Erlenmeyer)가 1866년에 고안한 플라스크로, 에를렌마이어라 부르기도 한다. 삼각플라스크는 가장 많이 쓰이고 있는 플라스크의 하나로 둥근바닥 플라스크(round bottom flask)와 달리 밑바닥이 넓고 평평하여 세워놓기에 안정적이고 편리하다. 또 윗부분으로 갈수록 폭이 좁아지고 목 부분의 폭도 좁기 때 문에 안에 넣은 액체가 바깥으로 튀는 일이 거의 없다는 장점이 있다. 이러한 장점으로 내부의 액체가 튈 위험이 있는 반응 용기로써 비커보다 적합하다. 예를 들어, 산을 염기로 적정 한다고 생각하자. 뷰렛에 염기를, 비커에 산을 넣고 뷰렛으로부터 비커 속으로 염기가 한 방울씩 떨어지게 장치하면, 비커 속의 액체가 밖으로 튈 염려가 있다. 비커는 용기의 폭이 일정하며 매우 넓기 때문이다. 그렇지만 삼각플라스크를 사용하면 목 부분의 폭이 좁아 액체가 튀더라도 플라스크의 벽에 걸려 밖으로 나가지 못하고 삼각플라스크의 빗면을 따라 다시 용액 속으로 흘러내려가게 된다. 삼각플라스크는 이러한 장점이 있어 매우 다양한 실험에 쓰이고 있다. 그렇지만 플라스크벽면의 두께가 일정하지 않고 둥근바닥 플라스크에 비해 열전달이 고르지 않다. 그래서 중탕으로 플라스크 속의 액체를 가열하는 경우에는 열이 고르게 전달되는 둥근바닥 플라스크를 더 많이 사용한다. 삼각플라스크는 1 mL에서부터 5 L에 이르기까지 크기가 매우 다양하며 일반화학 실험에서는 주로 50 mL~250 mL 플라스크가 많이 사용된다.

### 3) 시험관(test tube)

소량을 반응시켜 그 진행과정을 눈으로 직접 살펴보거나 용액의 색을 확인할 때 사용한다. 시험관은 비커의 축소판이라고 해도 될 정도로 비커와 용도가 비슷하다. 물질을 담고 섞고 흔들고 가열하는 등 아주 다양한 것들을 할 수 있는 기구다. 게다가 어떤 시험관은 눈금이 붙어 있는 것도 있어서 미약하게나마 측정이 가능한 것도 있다. 물론 그 정밀도는 보장할 수 없다. 가열하는 경우 유리관이 뜨겁기도 하고 손이 불에 다가가면 위험하기 때문에 집게를 사용해서 유리관을 잡는다. 또한 비커보다 작기 때문에 교반기를 쓸 수 없다. 보통 흔들어서 섞거나 유리 막대로 휘저어서 섞는다. 때로는 작다는 점이 장점이 돼서 원심분리기로 돌리기 용이하고 보관과 수송이 쉬워서 징병검사나 건강검진에서 혈액이나 오줌을 담아 담당 의사에게 전달할 때 자주 쓰인다. 이 경우 뚜껑 있는 시험관을 쓴다.

### 4) 피펫 펌프(pipette pump)

약품이 들어있는 용액을 취하거나 옮길 때 피펫에 연결하여 사용한다.

### 5) 감압 여과장치

고체 침전물을 여과할 경우에 사용한다. 감압플라스크(filtering flask)와 뷰흐너 깔때기(Büchner funnel), 고무 가스켓(rubber gasket)을 이용하여 사진과 같이 연결한다. 진공펌

프나 아스피레이터(aspirator)에 연결하여 고체 침전물을 여과할 수 있다.

### 6) 수위조절장치

기체의 부피를 측정할 때 사용한다. 수위조절기와 진공어댑터, 수위조절관을 그림과 같이 연결한다. 조인트 삼각플라스크에 반응 물질을 채운 후 진공어댑터 부분으로 조인트 삼각플라스크를 막은 후 반응을 진행시키면 이때 발생된 기체의 부피를 수위조절 장치를 통해 측정할 수 있다.

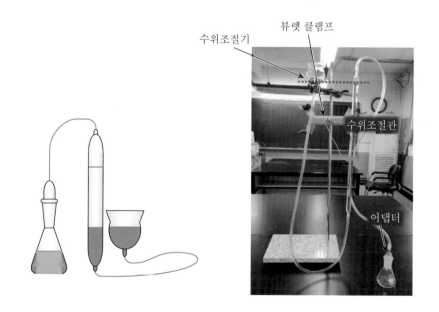

### 7) 마그네틱 리트리버(magnetic retriever)

반응 용기나 용액 속에 들어있는 교반 자석(stirring bar)를 긴 막대자석인 마그네틱 리트리버를 통해 용액의 손실없이 꺼내기 위해 사용한다.

## 8) 클램프(clamp)

스탠드에 장치를 고정하기 위해 사용된다. 뷰렛을 고정하기 위해서는 따로 뷰렛 클램프 (double buret clamp)를 사용한다.

## 9) 시계접시(watch glass)

유리로 된 오목한 접시 모양의 기구이다. 비커에 시료를 끓일 때나 보관할 때 비커의 뚜껑으로 사용되기도 하고 오목한 부분에 액체를 담아 증발시킬 때도 사용한다.

## 10) 유산지(weighting paper)

시료 소량의 분말을 올려놓고 무게를 측정할 때 사용한다.

## 11) 파라필름(parafilm)

신축성이 좋아 원하는 형태로 간단히 밀봉하는데 사용한다. 필요한 만큼 잘라 얇게 늘여서 무언가를 밀봉하거나 보관할 때 사용된다.

# 3. 일반화학 실험에서 사용되는 전자기기

## 1) 전자저울(electronic balance)

시료의 무게를 측정하기 위해 사용되며 최소단위 ~0.01 g 측정된다. 측정(표기)되는 숫자가 유효숫자에 포함된다.

## 2) 분석저울(analytical balance)

시료의 무게를 측정하기 위해 사용되며 최소단위 ~0.0001 g 측정된다. 측정(표기)되는 숫자가 유효숫자에 포함된다. 주로 정밀한 질량을 측정할 때 사용된다.

** 저울 사용방법
① 수평과 0점을 맞춘다.
② 물체나 약품을 다룰 때에는 깨끗한 집게, 종이, 시약수저를 이용한다. 직접 손으로 시약을 만지지 않도록 한다.

③ 저울 내부에서 대류가 발생하지 않도록 무게를 잴 물체와 저울 내부의 온도를 같도록
한다. 특히 가열된 시료나 시약을 잴 경우에는 30분간 데시케이터(desicator)에서
식힌 후 무게를 잰다.

④ 저울이 놓인 테이블에 충격이나 진동이 가해지지 않도록 한다.

⑤ 무게를 잴 때에는 저울의 창문을 닫는다.

⑥ 외부의 전자파나 자기장의 영향을 받지 않도록 한다.

### 3) 가열 교반기(hot plate)

고체, 액체, 기체 등을 서로 섞거나 휘젓기 위해 사용된다.

### 4) 드라이 오븐(drying oven)

세척된 유리기구를 건조하는데 사용한다. 또는 여과된 고체시료를 건조하는데 사용한다.

## VII. 실험실에서 쓰이는 유리기구의 세척 및 건조

부피 측정 용기는 항상 깨끗이 씻어서 사용해야 오차를 줄일 수 있다. 물이나 수용액은
깨끗한 유리벽에 균일한 액체막을 형성하지만 지방질이 유리벽에 묻어 있으면 액체막은
부분적으로 파괴되어 작은 방울을 형성한다. 유리벽에 묻은 액체의 양은 용기의 모양,
기벽의 청결 정도, 액체의 점도 등에 따라 다르나 기벽에 액체 방울이 생기게 되면 오차의
원인이 된다. 통상적으로 유리기구 세척은 세제를 사용하여 세척하거나 초음파 세척기를
사용하기도 한다. 그리고 유기물을 넣었던 유기 용기는 적당한 유기용매를 사용하여 씻을
수도 있다. 비눗물은 가장 일반적인 유리 용기 세척액이다. 용기에 비눗물을 충분히 적셔서
필요하면 부드러운 솔을 사용하여 씻는다. 비눗물로 잘 씻기지 않을 경우에는 산화성 클리닝
용액인 중크롬산염-황산 용액으로 씻는다. 이 용액은 가장 효과적인 세척액으로 지방질을
산화시켜 파괴하는 작용을 한다. 유리 용기는 알칼리에 부식하지만 산에는 잘 견디기 때문에
이 용액에 용기를 하루 정도 담가 두었다가 물로 여러 번 씻어낸 후 사용한다. 그러나
이 용액은 유해 중금속인 크롬을 다량 포함하고 있기 때문에 세척액을 별도로 폐수처리
해야 하는 어려움이 있다. 주로 사용하고 있는 세척용 세제(cleaning solution)로는 다음과
같은 종류가 있다.

① 2% 정도의 따뜻한 비눗물이나 중성 합성세제 용액

② 중크롬산염-황산 용액 : $Na_2Cr_2O_7-2H_2O$ 92 g을 물 460 mL에 녹인 후 진한 황산 800 mL를 천천히 넣어 교반하여 제조한다.

③ Sodium(potassium) alkoxide 용액 : NaOH 120 g(KOH 105 g)을 120 mL의 물에 녹이고 95% 에탄올 1 L와 혼합하여 사용한다. 이 용액은 유리를 부식시키므로, 15분 이상 담그는 것을 피하는 것이 좋으며 에탄올 대신 아이소프로필알코올을 사용하면 세정력은 떨어지나 유리기구의 손상은 적다.

④ Trisodiumphosphate 세정액 : 60 g $Na_3PO_4$, 30 g 비누, 500 mL 물을 혼합하여 제조한다. 유기화합물 세척에 적합하다.

⑤ 30% $NaHSO_3$ 수용액 : 과망산칼륨($KMnO_4$)을 사용했을 때 생기는 이산화망간의 갈색얼룩을 이 용액으로 제거할 수 있다.

⑥ 0.004 $M$ 정도의 EDTA 용액 : EDTA 용액은 금속이온으로 오염된 용기를 씻을 때 사용된다. 용기를 EDTA 용액으로 씻은 후에는 반드시 수돗물로 충분히 헹궈내어 기벽에 비누나 씻는 용액이 남아 있지 않도록 해야 하고 수돗물로 씻은 다음에는 다시 증류수로 깨끗이 세척해야 한다.

세척된 유리기구를 건조하는 데에도 여러 가지 방법이 있다.

① 자연건조 : 세척된 유리기구는 증류수에 헹구어 물이 떨어지는 건조대에서 자연건조 시킨다.

② 열풍건조 : 급히 건조할 경우 사용하는 것으로 드라이 오븐을 이용하거나 드라이기를 이용한다.

③ 저비점 용매를 이용한 건조 : 비점이 낮은 용매를 에탄올을 이용하여 씻어낸 후 용매를 증발 건조시킨다.

# VIII. 실험 오차

## 1. 유효 숫자 (significant figure)

유효 숫자란 정확도를 훼손하지 않으면서 과학적인 표기 방법으로 기록하는데 필요한 최소한의 자릿수이다. 유효 숫자가 네 자리인 142.7이라는 숫자는 $1.427 \times 10^2$으로 쓸 수 있다. 만약 $1.4270 \times 10^2$이라고 표기하였다면, 7 다음 자리의 값을 안다는 것을 뜻하므로, 142.7이라는 숫자와는 다르다. $1.4270 \times 10^2$은 5개의 유효 숫자를 가진다.

어떤 수는 무한히 많은 유효 숫자를 가지면서 정확하다. 네 명의 평균 키를 계산하기 위해서는 키(불확정도를 포함한 측정값)의 합을 정수 4로 나눈다. 정확히 네 명이지 $4.000 \pm 0.002$명은 아니다. 이렇게 직접 세어서 얻은 수나 정의에 의해 정해진 수치는 완전수 (exact number)라고 하며 유효 숫자를 결정하는 과정에서는 완전히 배제되게 된다.

### 1) 측정에서의 유효 숫자

실험에서 측정한 값의 불확정도를 표현하기 위해 유효 숫자를 사용하며 유효 숫자의 개수는 실험적으로 측정한 값이나 계산으로 얻은 값을 표현하기 위해 사용한 숫자의 개수이다. 측정한 결과는 확실한 모든 자리의 숫자와 불확실한 첫 번째 자리의 숫자를 함께 기록하여 불확실성을 나타내며 이 숫자들을 측정의 유효 숫자라 한다. 보통 전자식 측정기구의 경우 계기판에 표시되는 값이 변하지 않을 때까지 기다린 후 계기판에 표시되는 모든 숫자를 유효 숫자로 하여 기록하며, 눈금이 있는 측정기구의 경우 가장 낮은 단위의 눈금을 10등분하여 값을 읽고 기록한다.

오른쪽 그림과 같은 경우에는 21.7 mL와 21.8 mL 눈금 사이를 10등분하여 0.01 mL까지 추정하여 기록한다. 이 때 0.001 mL까지 기록하려 하는 것은 잘못된 방법이다. 측정한 결과는 반드시 적절한 유효 숫자로 나타내야 한다. 만약 0.1 mL까지 눈금이 있는 유리 기구에 담긴 액체의 메니스커스가 20 mL눈금과 정확히 일치하였다면 20.00  mL로 기록해야 한다. 측정의 불확실성은 특별한 언급이 없는 경우 마지막 유효 숫자의 $\pm 1$로 생각한다. (1.86 kg이라면 $1.86 \pm 0.01$ kg을 의미한다.) 지수표기법을 이용하면 유효 숫자의 개수를 쉽게 나타낼 수 있다는 장점이 있다.

### 2) 연산에서의 유효 숫자

우리가 얻은 자료를 가지고 여러 가지 산술 계산을 한 다음, 답에서 나타낼 유효숫자의 수를 결정하는 방법에 관하여 다룬다. 반올림에 의한 오차가 누적되는 것을 피하기 위하여 반드시 마지막 답(중간 결과가 아님)만을 반올림해야 한다. 중간 결과의 모든 수를 계산기나 스프레트 시트에 저장한다.

① 덧셈과 뺄셈

유효 숫자를 더하거나 뺄 때는 소수점 이하가 가장 짧은 숫자를 기준으로 정하고 계산 결과 그 이하의 소수점들은 없애버린다. 계산 시에 소수점을 기준으로 숫자들을 잘 정렬하는 것이 중요하다. 뺄셈 역시 같은 원리가 적용된다.

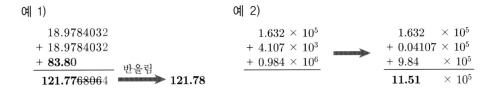

예 1)
$$18.9784032$$
$$+ \ 18.9784032$$
$$+ \ \mathbf{83.80}$$
반올림
$$\mathbf{121.7768064} \Longrightarrow \mathbf{121.78}$$

예 2)
$$1.632 \times 10^5$$
$$+ \ 4.107 \times 10^3$$
$$+ \ 0.984 \times 10^6$$
$$\longrightarrow$$
$$1.632 \quad \times 10^5$$
$$+ \ 0.04107 \times 10^5$$
$$+ \ 9.84 \quad \times 10^5$$
$$\mathbf{11.51} \quad \times 10^5$$

② 곱셈과 나눗셈

유효 숫자를 곱하거나 나눌 때는 전체 유효 숫자의 개수가 가장 적은 숫자를 기준으로 정하고, 계산 결과 그 개수만큼의 유효 숫자만 계산 결과로 정한다.

예 1)
$$4.3179 \times 10^{12}$$
$$\times \ \mathbf{3.6} \quad \times 10^{-19}$$
$$\mathbf{1.6} \quad \times 10^{-6}$$

예 2)
$$\mathbf{34.60}$$
$$\div \ 2.46287$$
$$\mathbf{14.05}$$

③ 로그와 진수

$n = 10^a$이면, $a$를 밑이 10인 $n$의 로그(logarithm)라고 한다.

$n$의 로그: $n = 10^a$은 $\log n = a$를 뜻한다.

$n$은 $a$의 진수(antilogarithm)라고 한다. 로그는 지표(characteristic)와 가수(mantissa)로 구성된다. 지표는 정수 부분이고, 가수는 소수 부분이다.

$$\log 339 = 2.530$$
지표 가수
$$= 2 \quad = 0.530$$

숫자 339는 $3.39 \times 10^2$으로 쓸 수 있다. Log 339의 가수에 있는 자릿수는 339에 있는 유효 숫자의 수와 같아야만 한다. 339의 로그는 2.530으로 쓰는 것이 올바른 표현이다. 지표 2는 $3.39 \times 10^2$의 지수와 일치한다.

로그를 진수로 환산하는 경우에는 진수에서 유효 숫자의 수는 가수의 자릿수와 같아야한다.

$$\text{antilog}(-3.42) = 10^{-3.42} = 3.8 \times 10^{-4}$$
$$\quad\quad\quad\quad\underbrace{\quad}_{2\text{자리}}\quad\quad\underbrace{\quad}_{2\text{자리}}\underbrace{\quad}_{2\text{자리}}$$

④ 평균과 표준편차

평균과 표준편차 계산의 경우, 값이 계속되는 계산의 중간결과라면 이어지는 계산에서 반올림 오차를 피하기 위해 유효숫자 한 개를 더 남긴다. 이 때, 평균과 표준편차는 같은 소수 자릿수를 가져야 한다.

자 그러면 왜 이렇게 조금은 복잡하고 귀찮게 계산을 할 때마다 유효 숫자를 처리하는 것일까? 우선은 마지막 자리에 포함된 유효 숫자가 오차를 가지고 있는데 이것이 계산을 거듭할수록 전체 결과에 계속 오차를 전파하게 된다. 이 오차를 제거해 주기 위해서 이런 유효 숫자 처리를 해주는 것이다. 그런데 이것보다 더욱 중요한 이유가 있다. 바로 계산의 복잡성을 없애주기 위해서이다. 이러한 유효 숫자의 개념이나 계산상의 처리 방법은 컴퓨터가 존재하지 않았던 옛날에 만들어진 것이다. 계산이 진행되면 될수록 숫자의 자릿수가 어마어마하게 늘어난다. 옛날 사람들 입장에서는 정말 심각한 일이 아닐 수가 없었을 것이다. 그래서 실제로 계산해 보지 않더라도 전체 계산의 오차에는 별로 영향을 주지 않는 방법을 고려해 내었고 그 결과가 바로 유효 숫자라는 개념이다. 그러면 계산기를 가지고 있는 우리의 입장에서는 유효 숫자 처리를 어떻게 해야 할까? 바로 **목표로 하는 최종 결과를 얻어낼 때에만 유효 숫자 처리를 해주는 것이다. 중간 계산과정에서는 모든 숫자를 전부 다 포함시키고 최종 결과만 유효 숫자의 개념에 따라 처리를 해준다.**

그러면 앞으로 모든 실험에서, 실제 측정에 의해서 얻어진 data로 계산을 할 때에는 항상 유효 숫자를 고려하여 계산해 주어야 한다.

## 2. 오차의 종류

모든 측정에는 실험 오차(experimental error)라고 하는 약간의 불확정도가 포함되어 있다. 어떤 결론의 신뢰도가 높거나 낮을 수 있지만 절대로 완전한 확신을 가질 수는 없다. 실험 오차는 계통적(systematic)인 것과 우연한(random) 것으로 분류할 수 있다.

## 1) 계통 오차(systematic error)

가측 오차라고도 하는 계통 오차는 실험 설계를 잘못하거나 장비의 결함에서 온다. 계통 오차란 측정값이 참값으로부터 원천적으로 벗어나게 하여 측정값의 정확도를 감소시킨다 계통 오차가 있으면 평균값은 참값과 계속 일치하지 않을 것이고 그러한 계통 오차는 실험기구의 잘못된 눈금, 또는 특성을 측정하려는 기술의 근본적인 부적절함에 기인할 수 있다. 그렇기 때문에 정확도의 부족은 정밀도의 부족보다 훨씬 해결하기 곤란하다. 계통 오차가 있는 것으로 확인되면 측정값을 결정하기에 앞서 계통 오차를 제거하기 위해 최선을 다해야 한다. (실험기구의 눈금이 정확하지 않으면 다시 눈금을 만들어야 한다.) 문제는 우리가 알지 못하는 계통 오차가 있을 수도 있다는 것이며 이러한 경우에는 한 특정 부분의 장치에 기인한 계통 오차를 제거하기 위해 다른 기구를 가지고 실험을 반복해야 한다.

## 2) 우연 오차(random error)

불가측 오차라고도 하는 우연 오차는 측정할 때 조절하지 않은(그리고 아마 조절할 수 없는) 변수로 인해 발생한다. 우연 오차는 양이거나 음일 확률이 같다. 이것은 항상 존재하며 보정될 수 없다. 우연 오차의 한 가지 형태는 눈금을 읽는 것과 관련된 것이다. 각각의 사람들은 그들의 주관에 의해 눈금 사이의 값을 정하기 때문에 일정한 범위의 값을 보고할 것이다. 한 사람이 같은 기기를 여러 번 읽을 경우에도 어쩌면 그 때마다 다른 값을 보고할 지도 모른다.

## 3) 정밀도(precision)와 정확도(accuracy)

정밀도는 결과의 재현성을 나타낸다. 만약 한 가지 측정을 여러 번 반복하여 서로 아주 가까운 값을 얻었다면 그 측정은 정밀하다고 한다. 측정값이 넓게 변하면 그 측정의 정밀도는 높지 않다. 정확도는 측정값이 '참' 값에 얼마나 가까운가를 나타낸다. 만일 값이 알려진 표준 물질이 있으면, 정확도는 측정값이 알려진 값에 얼마나 가까운가를 나타낸다.

실험을 아주 잘 재현했을지라도 그 결과가 틀릴 수도 있다. 이 실험 결과의 정밀도는 높지만 정확도는 낮다고 말할 수 있다. 반대로 참값 주위에 밀집해 있지만 재현성이 나쁜 일련의 측정을 할 수 도 있다. 이 경우의 정밀도는 낮으나 정확도는 높다.

정확도는 '참' 값에 가까운 정도로 정의된다. '참'이란 단어는 누군가 '참' 값을 측정했기 때문에 인용 부호로 표기되었지만, 모든 측정에는 오차가 존재한다. 숙련된 실험자에 의해 충분히 잘 검증된 방법을 이용하여 '참' 값을 얻는 것이 최선이다. 그리고 여러 가지 다른 방법으로 결과를 검증하는 것이 바람직한데, 이는 계통 오차로 인하여 각 방법의 결과들이 서로 일치하지 않을 수도 있기 때문이다.

정밀도 부족(우연 오차)　　　정확도 부족(계통 오차)

# B 실험 노트 및 실험 보고서 작성법

    실험을 수행하는 연구자에게 가장 중요한 것은 실험 노트이다. 지적 재산권 분쟁 등을 다루는 법정에서 실제로 실험 노트는 증거물로 채택될 수 있다. 따라서 이공계의 연구에 있어서 실험 노트의 기록을 잘못하는 경우 엄청난 경제적 손실을 가져올 수도 있으므로 기록은 매우 중요하다. 물론, 일반화학 실험 수업은 노벨상을 받을 정도의 뛰어난 연구 업적을 성취하는 목적보다는 자연 과학적인 탐구 방법을 한번 체험하는 것이다. 어떤 목적을 가지고 실험을 한 후에 그 결과를 정리하고 그 것으로부터 새로운 결과를 도출해 내는 과정은 어렵지만 중요하다. 화학 실험 노트에는 실험 과정에서 어떤 목적으로 무엇을 어떻게 수행하였으며, 어떤 물리 화학적인 변화를 관찰하였는가를 꼼꼼히 기록하여야 한다. 일반화학 실험 예비 보고서 및 결과 보고서를 작성하면서 그 과정에 익숙해질 수 있을 것이다.

    본 교재를 사용하는 대부분의 학생들은 대학 1학년 신입생들일 것이다. 실험에 관하여 초보인 학생들은 실험을 위해 수업에 들어가기 전 예비 보고서를 작성하는 것이 매우 큰 도움이 된다. 예비 보고서에는 실험의 제목을 적고, 목적을 기술하고, 교재에 적혀 있는 실험 방법을 행동 단위로 나누어 흐름도의 순서로 정리하고, 사용하는 기구의 명칭과 용도를 파악하고, 사용하는 시약의 물리량(분자량, 녹는점, 끓는점, 상태, 액체인 경우 밀도), 취급법, 독성, 주의사항 등이 기록되어 있어야 한다. 결과보고서에는 실험을 통해 얻어낸 결과값을 산출하여 정리하고 그것으로부터 새로운 결과를 도출하여 분석하고 토의해보도록 한다. 실험 결과 보고서의 작성은 논문을 작성하게 되는 준비 단계라고 할 수 있다. 때문에 되도록 이면 논문의 형식에 맞추어서 보고서 작성법을 익히도록 한다. 본 교재에서는 학생들의 편의를 위해서 실험 보고서 양식을 첨부하였다.

## 1. 목적

교재를 참고하여 실험 목적을 작성한다.

## 2. 실험 기구 및 시약

1) **기구** : 100 mL 수위조절관, 수위조절기, 100 mL 조인트 삼각플라스크, 진공 어답터, 튜브, 파라필름, 온도계, vial 뚜껑, 핀셋, 100 mL 부피 플라스크, 저울, 유산지, 약수저,

2) **시약** : 3.0 $M$ HCl 용액 100 mL, $Na_2CO_3$(s), 미지 탄산염 1, 2 ($M_2CO_3$(s)), 증류수

사용되는 기구 또는 시약의 주의사항과 물리적 특성 등을 조사한다.

| 3.0 $M$ HCl수용액 100 mL | 35.0% HCl (d = 1.18 g/mL, Mw = 36.458 g/mol) <br> <u>26.48</u> mL |
| --- | --- |

### [계산과정]

사용될 시약의 양이 계산되는 과정을 기록한다. (**시약의 양이 측정되는 기구의 유효숫자에 맞춘다.**)

예시)

3.0 $M$ HCl 표준용액 100 mL 제조방법 (분자량 36.458 g/mol, 밀도 1.18 g/mL)

① 35% HCl의 몰농도 계산 : 몰농도 (M) = (밀도 × 10 × %농도) / 분자량 = 1.18 × 10 × 35 / 36.458 = 11.328 M

② 부피 환산 : MV = M′V′이므로 3.0 M × 0.1 L = 11.328 M × (필요한 35% HCl의

부피) ; 따라서 0.02648 L의 35% HCl이 필요하다.

③ 용액 제조 : 100 mL 부피플라스크에 소량의 증류수를 먼저 담은 후, 35% HCl 26.48 mL를 취하여 천천히 넣어주고, 충분히 교반하여 섞은 후 눈금까지 증류수로 다시 채운다.

## 3. 실험 방법

교재를 참고하여 실험방법을 정리한다. (사진은 붙이지 않아도 된다.)

## 4. 주의사항

교재를 참고하여 주의사항을 작성한다.

----------------------------------------------------------

이후로는 실험 수업을 통해 얻어낸 값을 기록한다.

## 5. 실험결과표

실험을 통해 얻은 값을 기록한다.

# 결과 보고서(실험제목)

| 실험일 | 제출함 No. | 담당교수/강사 | 점  수 |
|---|---|---|---|
| | 학수번호 | | |
| 학  과 | 학  번 | 이  름 | |
| | | | |

## I. Abstract (초록, '요약'이라는 뜻, 한 쪽을 넘기지 말 것)

여기에서는 실험전체의 요점을 정리하게 되는데, 이 부분을 다른 사람이 읽어 보았을 때 실험의 의의가 무엇인지를 가늠할 수 있어야 한다. 초록은 보고서 및 논문 전체를 요약하는 것이다. 때문에 초록은 보고서를 작성한 후 마지막에 작성하도록 한다.

초록의 첫 번째는 실험의 중요성에 대한 언급이 있어야 한다. 해당 실험이 어떤 문제를 다루는가에 대한 간략한 설명이 들어가야 하고, 어떻게 실험을 수행하였는가에 대한 설명이 들어가야 한다. 마지막으로 결과를 요약하고, 결론을 언급하도록 한다.

초록은 한 단락 정도 길이이기 때문에 각 섹션이 자연스럽게 조합되어 하나의 글을 완성해야 한다. 어떻게 작성되어야 할지 가늠이 되지 않는다면 다른 많은 문헌들을 찾아서 읽어보고 참고해도 좋다.

# 결과 보고서(실험제목)

## II. Data

실험을 통해 얻은 값을 기록한다.

## III. Results

실험을 통해 얻은 값을 통해 결과처리를 하여 기록한다.

-------------------------------------------------------

이후로는 레포트 용지 혹은 A4용지에 따로 작성하도록 한다.

## IV. Calculation & Analysis

표(Results)에 각 값들을 채웠더라도, 결과처리 계산과정을 상세히 보여주도록 한다. 그래프는 반드시 컴퓨터를 이용해 그리도록 한다.

산출된 결과값은 알려진 이론값과 비교하여 분석한다.

## V. Conclusions

실험에서 일어나는 현상에 대해서 생각해 보고 그 원인을 과학적으로 분석해 본다. 단순히 오차의 원인만 늘어놓는 것이 아니고, 기존의 이론이 있을 경우에는 그것을 바탕으로 설명하고 나름대로 가설도 세워보고 그에 따라 도출해 낸 결과를 분석해 보도록 한다. 더 나은 결과를 얻기 위한 실험 방법의 개선이나, 실험을 통해 알고자 하는 원리를 더욱 더 잘 이해할 수 있는 또 다른 실험을 제안하는 것은 좋다. 마지막으로 실험이 예상만큼 잘 되었는지 전체적으로 평가해 보고 결론을 내린다.

## VI. Discussion

수업시간에 제시된 과제(토의)를 조사하여 작성한다.

## VII. Reference

먼저, 본문의 인용된 부분에 윗첨자(superscript) 숫자를 써둔 다음, 그 번호에 해당되는 문헌들을 아래와 같이 쓴다. 책 하나에서 여러번 인용된 경우는 숫자를 추가해서 쓴다.

\* 저자, 책제목, 출판사, 출판연도, 인용한 쪽

〈보기〉

① Oxtoby & Nachtrieb, Principles of Modern Chemisry, 4/ed., Saunders College Pub.,1996, pp. 12-15.

②,⑤ D. C. Harris, Quantitative Chemical Analysis, 4/ed., Freeman & Co., 1996, p. 107

# 실험편

# 1 아보가드로 수의 결정

## I. 실험 목적

친수성(hydrophilic)과 소수성(hydrophobic)을 모두 갖는 스테아르산(stearic acid)을 이용해서 몰(mole)을 정의하는데 필요한 아보가드로 수($N_A$)를 결정한다

## II. 실험 이론

시료에 들어있는 무수히 많은 입자들의 수를 직접 세거나 측정하는 것은 매우 어렵다. 그 대신 물질의 양을 표현하기 위해 입자들을 일정한 양으로 묶어 그 수의 배수로 구성요소를 나타내는 것이 편리하다. 이것이 물질의 양에 대한 단위인 몰(mole)을 만들고 사용해 온 배경이다.

기존에 몰을 정의하는 기준은 12 g의 순수한 $^{12}C$ 중에 들어있는 탄소 원자의 수로 정의되어 왔다. 그러나 최근 플랑크상수를 기반으로 질량이 재정의됨에 따라 탄소의 질량을 기준으로 하는 몰에 대한 기존 정의도 자연스럽게 바뀌게 되었다. 탄소를 기준으로 했던 아보가드로 수를 실리콘 구체를 이용해 더 정확히 측정해 몰 단위를 재정의하게 되었다. 정밀하게 제작된 실리콘 공 안에 들어있는 원자 수를 새로운 1몰의 기준으로 삼게 되었고, 이렇게 측정된 아보가드로 상수는 현재 $6.02214076 \times 10^{23}$으로 확정되었으며, 이는 2018년 11월부터 전 세계에 적용 되었다.

아보가드로 수를 측정하는 방법에는 여러가지가 있지만, 그 중 실험실에서 간단하게 아보가드로 수를 구할 수 있는 방법은 탄소원자 1몰이차지하는 부피($V_m$)와 탄소원자 하나가 차지하는 부피($V_1$)를 이용해서 구할 수 있다.

$$N_A = \frac{V_m}{V_1}$$

우선 지구상에 존재하는 탄소는 몇 가지 동위원소가 섞여 있기 때문에 1몰의 평균 질량은 12.011 g이고, 탄소 원자가 촘촘히 쌓여서 만들어진 다이아몬드의 밀도($3.51$ g/cm$^3$)를 이용하면 탄소원자 1몰의 부피 ($V_m$)를 계산할 수 있다. 탄소 원자 하나의 부피를 정확하게 알아내는 것은 그렇게 쉽지 않지만, 기름처럼 물에 섞이지 않는 탄소 화합물을 이용하면 간단하게 짐작할 수 있다.

## III. 실험 원리

물(H$_2$O)은 산소 한 개에 두 개의 수소가 104.5°의 각도를 이루며 결합되어 있어서 쌍극자 모멘트 성질을 갖고 있는 극성분자이다.

액체 상태에서 물 분자의 극성은 전하를 가진 양이온과 음이온은 물론이고 다른 극성 분자를 안정화시켜서 잘 녹게 만들어준다. 그러나 쌍극자 모멘트를 갖지 않는 벤젠(benzene)이나 헥세인(hexane)과 같은 비극성 분자들은 물과 잘 섞이지 않는다.

스테아르산(stearic acid)은 비극성을 나타내는 긴 탄화수소 사슬의 끝에 극성을 나타내는 카복시기(carboxyl group)가 붙어있는 막대기처럼 생긴 분자이다. 이런 분자를 물 위에 떨어뜨리면 극성을 가진 카복시기는 물과 잘 달라붙지만 비극성의 탄화수소 사슬은 물과 잘 접촉하지 않으려는 경향이 있다. 그래서 물 위에 스테아르산을 떨어뜨리면 카복시기가 물 쪽으로 향하고 무극성의 탄화수소 사슬이 물 층 위로 서 있는 단층막이 형성된다.

물 표면에 만들어진 스테아르산 단분자층의 부피를 표면의 넓이로 나누어주면 스테아르산 분자의 길이를 얻을 수 있다. 곧은 사슬 모양의 스테아르산 분자는 탄소 원자 18개가 쌓여있는 것으로 볼 수 있기 때문에 스테아르산의 길이로부터 탄소 원자 하나의 지름을 얻을 수 있고, 그 값을 이용하면 탄소 원자 하나가 차지하는 부피($V_1$)도 얻을 수 있다.

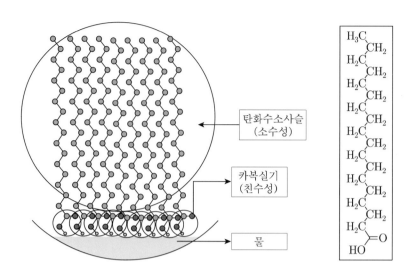

**그림 1-1** 스테아르산의 구조와 단층막

    스테아르산은 그림 1-1에서 보여 지듯이, 탄소 원자 18개가 직선이 아니고 지그재그 형태 (109.5°)로 연결되어 있다. 따라서 이 데이터로부터 탄소 원자의 직경을 알 수 있으며 탄소 원자가 구 또는 정육면체라고 가정하면 탄소 원자의 부피 또한 구할 수 있다.

## IV. 실험 기구 및 시약

**1) 기구** : 1 mL 주사기, 50 mL 비커, 100 mL 부피 플라스크, 저울, 유산지, 약수저, 눈금자, petri dish

**2) 시약** : hexane ($C_6H_{14}$), 증류수, 송화 가루, stearic acid ($C_{17}H_{35}COOH$)

## V. 실험 방법

1) 헥세인(hexane)으로 여러 차례 깨끗이 행군 1 mL 주사기에 헥세인 용액을 채운다.
2) 주사기 1 mL의 헥세인 용액을 주사기를 수직으로 세운 후 비커에 방울로 떨어뜨리며, 총 몇 방울인지를 기록한다. 이 과정을 2회 더 반복한다.
3) 스테아르산 0.0100~0.0200 g을 정확히 측정하여 100 mL 부피플라스크를 이용하여 헥세인으로 녹인다.

4) petri dish를 깨끗이 세척한 후 비커를 이용해서 증류수를 충분히 채운다.

5) 수면이 잔잔해 질 때까지 기다린다.

6) 송화 가루를 시계접시 중심에 뿌린다.

7) 3)번의 용액을 방울 수를 측정했던 주사기에 넣고, 한 방울을 송화 가루가 퍼져있는 한 가운데에 떨어뜨린다.

8) 스테아르산이 퍼지면서 원형 기름 막의 경계 면이 더 이상 바뀌지 않을 때까지 기다린다.

9) 기름 막의 지름을 대각선 방향으로 여러 번 측정한다.


# VI. 주의사항

- petri dish를 맨 손으로 만지지 않는다.
- 송화 가루가 너무 적거나 많으면 원형 기름이 생기지 않는다.
- 헥세인은 인화성 물질이므로 조심하여 취급하며, 휘발성이 크기 때문에 스테아르산 용액을 제조한 후 항상 마개로 막아두어야 한다. (농도 변화)
- 주사기로 헥세인 용액 1 mL의 방울수를 셀 때 수직으로 세워야 방울수가 일정하게 나온다. 기울이면 방울수의 차이가 심하게 날 수 있다.

| 실험 1. 아보가드로 수의 결정 | [학번] | [점수] |
|---|---|---|
| | [이름] | |

## 1. 목적


## 2. 실험 기구 및 시약

  **1) 기구** : 1 mL 주사기, 50 mL 비커, 100 mL 부피 플라스크, 저울, 유산지, 약수저, 눈금자, petri dish

  **2) 시약** : hexane ($C_6H_{14}$), 증류수, 송화 가루, stearic acid ($C_{17}H_{35}COOH$)

## 3. 실험 방법

## 4. 주의사항




## 5. 실험결과표

### 실험 A. 주사기보정

| 1.00 mL에 해당하는 헥세인의 방울 수 | 1회 | |
| | 2회 | |
| | 3회 | |
| | 평균 | |
| 헥세인 한 방울의 부피 (mL/방울) | | |

### 실험 B. 스테아르산 용액 한 방울 속에 포함된 스테아르산의 부피

| 단층막의 직경 (cm) | 가로 | |
| | 세로 | |
| | 대각선 | |
| | 평균 | |
| 단층막의 넓이 ($cm^2$) | | |
| 스테아르산의 농도 (g/mL) | 실제 사용량 (g) | |
| | | |
| 스테아르산 용액 한 방울 속에 포함된 스테아르산의 부피 (mL/방울) | | |

# 실험 1. 아보가드로 수의 결정 결과보고서

| 실험일 | 제출함 No. | 담당교수 | 점 수 |
|---|---|---|---|
|  |  |  |  |
| 학　과 | 학　번 | 이　름 |  |
|  |  |  |  |

## I. Abstract

## II. Data

■ 주사기 보정

| 1.00 mL에 해당하는 헥세인의 방울 수 | 1회 | |
| | 2회 | |
| | 3회 | |
| | 평균 | |
| 헥세인 한 방울의 부피 (mL/방울) | | |

■ 스테아르산 용액 한 방울 속에 포함된 스테아르산의 부피

| 단층막의 직경 (cm) | 가로 | |
| | 세로 | |
| | 대각선 | |
| | 평균 | |
| 단층막의 넓이 (cm$^2$) | | |
| 스테아르산의 농도 (g/mL) | 실제 사용량 (g) | |
| | | |
| 스테아르산 용액 한 방울 속에 포함된 스테아르산의 부피 (mL/방울) | | |

## III. Results

■ 탄소 원자 1개의 부피

| 단층막의 두께 (cm) | | |
| 탄소 원자의 직경 (cm) | | |
| 탄소 원자의 부피 (cm$^3$) | 구 | |
| | 정육면체 | |

■ 아보가드로 수 결정

| $V_m$: 탄소 원자 1몰의 부피 (cm$^3$/mol) = 탄소 1몰의 평균 질량(12.011 g)/다이아몬드의 밀도(3.51 g/cm$^3$) | | |
| 아보가드로 수 (N$_A$) $= \dfrac{V_m}{V_1}$ | 구 | |
| | 정육면체 | |
| 오차율(%) (실제 아보가드로 수: 6.022 $\times$ 10$^{23}$/mol) | 구 | |
| | 정육면체 | |

# 2 기체상수 측정 및 탄산염 분석

## I. 실험 목적

- 온도, 압력, 부피에 따른 기체 운동을 이해한다.
- 탄산염과 산이 반응하여 $CO_2$를 형성하는 반응을 이해한다. 발생하는 $CO_2$를 이상기체라고 가정하고 이를 이용하여 기체상수를 구한다.
- 미지의 탄산염($M_2CO_3$)과 산의 반응을 이용하여 미지의 탄산염을 분석한다.

## II. 실험 이론

17세기 아일랜드의 화학자 로버트 보일(Robert Boyle)은 밀폐된 상태에 있는 기체의 성질을 연구하였다. 그는 기체를 압축 또는 팽창시키면 원래의 부피로 돌아가려는 성질이 있다는 사실에 주목하였고 공기의 압축과 팽창에 대한 실험을 1662년에 '공기의 탄성효과'라는 제목의 단행본으로 발표하였다. 보일은 한 쪽 끝이 막혀있고 그 안의 공기가 수은에 의해 갇혀있는 J-관 실험 장치를 이용하여 온도가 일정할 때 어떤 기체든 압력과 부피의 곱이 일정함을 발견하였다.

$$PV = k$$

이와 같은 관계를 보일의 법칙(Boyle's law)이라 한다.

보일은 '밀폐된 상태에 있는 기체의 압력과 부피의 곱이 가열하면 변한다(온도에 의존한다)'는 사실을 발견하였다. 그러나 정량적인 실험은 1세기가 지난 후 프랑스의 과학자인 자크 샤를(Jacques Charles)이 처음으로 수행하였다. 샤를의 실험에서 가장 중요한 결과는

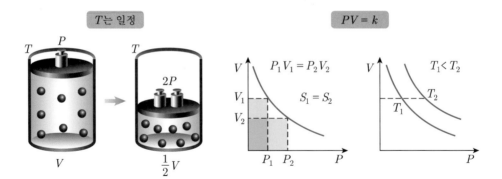

**그림 2-1** 일정 온도에서의 부피와 압력과의 관계

압력이 아주 낮은 경우에 처음과 나중 온도가 같으면 기체의 종류에 관계없이 모든 기체가 상대적으로 동일한 부피 팽창을 한다는 점이었다. 모든 기체에서 공통적으로 나타나는 이런 행동은 온도를 기체 부피의 선형 함수로 표현 할 수 있다.

$$t = c\left(\frac{V}{V_0} - 1\right)$$

1802년 게이뤼삭(Gay-Lussac)은 이 $c$ 값을 267 ℃라 보고하였고, 그 후 일련의 실험들에 의해 $c = 273.15\ ℃$ 로 정해졌다. 기체는 온도에 대해 선형 함수이며 이를 샤를의 법칙(Charles's law)이라 한다. 여기서 중요한 결과는 모든 기체가 낮은 압력에서 동일한 상수 $c$ 값을 갖는다는 것이다. 이는 물리적으로 얻을 수 있는 낮은 온도의 한계점이 존재한다는 것을 의미하며 − 273.15 ℃ 를 더 이상 내려갈 수 없는 온도의 하한이라 말하고 이를 절대 영도라고 한다. 실제 모든 기체는 절대 영도에 도달하기 전에 액체나 고체로 변한다. 실제로 절대 영도에 근접할수록 온도를 낮추기가 어려워진다. 절대 영도를 온도의 원점으로 하는 것은 합리적인 선택이며 새로운 온도 척도를 만드는 가장 쉬운 방법은 섭씨 온도에 273.15를 더해주는 것이다. 이렇게 만들어진 척도가 켈빈 온도 척도이다.

$$T(K) = 273.15 + t(℃)$$

켈빈 온도 척도에 따르면 샤를의 법칙은 다음과 같다.

$$V = kT$$

1811년 이탈리아의 화학자 아보가드로(Avogadro)는 동일한 온도와 압력 조건에서 동일한 부피 속에 존재하는 기체의 입자 수는 기체의 종류와 상관없이 일정하다는 가설을 제시하였

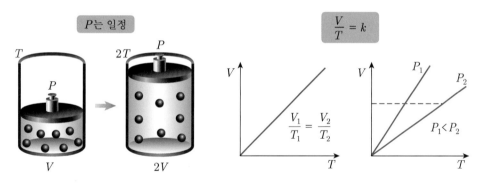

**그림 2-2**  일정한 압력에서 기체의 부피와 온도와의 관계

고, 이 가설은 기체 입자간의 거리가 입자 크기에 비해 월등히 클 경우(압력이 낮은 경우)에 성립한다. 이 조건에서 기체의 부피는 각 입자의 크기가 아니라 기체 분자 수에 의해서만 결정된다.

$$V = kn$$

지금까지 논의 한 세 가지 법칙을 한 식으로 결합하면 다음과 같은 비례식을 얻을 수 있다.

$$V \propto \frac{nT}{P}$$

여기에 비례상수 R 을 도입하여 정리하면 다음과 같다.

$$V = \frac{RnT}{P}, \;\; PV = RnT$$

이 법칙은 대기압 부근에서 거의 모든 기체에서 잘 맞으며 압력이 낮아질수록 정확하게 성립한다. 그러나 실제 기체는 아주 낮은 압력 조건에서만 이상 기체 법칙을 따르며 이로부터 벗어나는 현상은 여러 가지 형태로 나타난다. 보일의 법칙은 높은 압력에서 잘 맞지 않으며 샤를의 법칙은 낮은 온도에서 잘 맞지 않게 된다. 실제 기체의 경우 보통 압력 조건에서 아보가드로 가설도 아주 정확한 것은 아니다. 이상 기체 법칙은 대기압 하에서 대부분의 기체와 상당히 잘 맞지만, 일부의 경우에는 1~2% 정도의 편차가 있다. 이러한 편차를 압축 인자($z$, compressibility factor)로 나타낸다.

$$z = \frac{PV}{nRT}$$

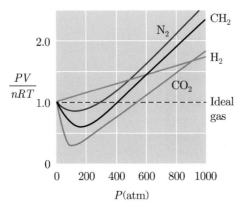

**그림 2-3** 각 기체들의 압력에 따른 압축인자와의 관계

이 압축인자가 1에서 벗어날수록 이상 기체 법칙이 적용되지 않는다는 것을 의미한다.

실제 기체 대한 방정식은 1873년 네덜란드 물리학자 반데르발스(van Der Waals)에 의해서 제안되었다. 이상 기체 법칙은 서로 인력이 작용하지 않으며, 부피가 없는 입자로 구성된 가상적인 기체의 거동을 나타낸 것이다. 반대로 실제 기체는 일정한 부피를 가진 원자나 분자로 구성되어 있다. 이것은 실제 기체에서는 어떤 주어진 입자 자체가 공간의 일부분을 이미 차지하고 있기 때문에 그 기체 입자가 운동할 수 있는 유용한 부피는 용기의 부피보다 작다. 이것을 입증하기 위해, 반데르발스는 실제 부피를 용기의 부피 $V$에서 분자의 부피에 대한 보정 인자 $nb$를 뺀 것으로 나타냈다. 여기서 $n$은 기체의 몰수이고, $b$는 실험적인 상수이다. 따라서 주어진 기체 분자가 실제로 움직일 수 있는 공간의 부피는 $V-nb$로 된다. 이상 기체 방정식을 보정하면 다음과 같다.

$$P' = \frac{RnT}{V - nb}$$

이 식은 기체 입자의 부피를 고려하였다.

다음 단계는 실제 기체 입자들 사이에서 작용하는 인력에 대하여 고려해야 한다. 이러한 인력의 영향으로 관찰된 압력은 기체 입자 간 인력이 없을 때의 압력보다 더 낮게 된다.

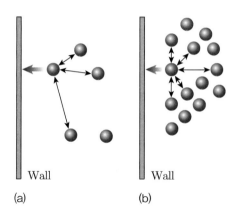

**그림 2-4** 농도에 따른 기체 입자 간 상호작용에 의한 압력의 변화

기체 입자가 서로 근접할 때 인력이 발생하면 입자 간 인력이 없을 때 벽에 충돌하는 것보다는 더 약하게 충돌할 것이다. 보정 인자의 크기는 리터당 기체 입자의 몰수($\frac{n}{V}$)로 정의된 기체 분자의 농도에 의존할 것이다. 농도가 진해질수록 기체 입자의 쌍은 서로 가까워져 더욱 끌어당길 것이다. 많은 수의 입자에 대하여 서로 당기는 입자의 쌍은 입자수의 제곱에 의존하며, 따라서 농도의 제곱($\left(\frac{n}{V}\right)^2$)에 의존하게 된다. 따라서, 입자의 인력에 대해 이상 기체의 압력을 보정하면 다음과 같다.

$$P_{관찰} = P' - a\left(\frac{n}{V}\right)^2$$

여기서 $a$는 비례 상수로서, 주어진 실제 기체의 실제적인 거동을 측정하여 결정된다. 입자의 부피와 인력에 대해 보정하여 식을 만들면 다음과 같다.

$$P_{관찰} = \underbrace{\frac{nRT}{V-nb}}_{\substack{\uparrow \qquad \uparrow \\ 관찰된\ 압력\ 용기\ 부피}} - \underbrace{a\left(\frac{n}{V}\right)^2}_{\substack{\uparrow \qquad\ \uparrow \\ 부피\ 보정\ 압력\ 보정}}$$

이 방정식을 정리하면 반데르발스 상태 방정식(van der Waals equation of state)이 된다.

$$\underbrace{\left[P_{관찰} + a\left(\frac{n}{V}\right)^2\right]}_{보정된\ 압력\ =\ P_{이상기체}} \times \underbrace{(V-nb)}_{보정된\ 부피\ =\ V_{이상기체}} = nRT$$

상수 $a$, $b$의 값은 주어진 기체에 대해 얻은 실험값에 맞추어 결정된다. 즉, $a$와 $b$는 모든 조건에서 구한 관찰된 압력과 잘 맞을 때까지 변화시켜 정해진다. 여러 가지 기체에 대한 $a$와 $b$의 값을 다음의 표로 나열하였다.

**표 2-1** 여러 가지 기체의 반데르발스 상수

| 기체 | $a\left(\dfrac{\text{atm} \cdot \text{L}^2}{\text{mol}^2}\right)$ | $b\left(\dfrac{\text{L}}{\text{mol}}\right)$ |
|:---:|:---:|:---:|
| He | 0.0341 | 0.0237 |
| Ne | 0.211 | 0.0171 |
| Ar | 1.35 | 0.0322 |
| Kr | 2.32 | 0.0398 |
| Xe | 4.19 | 0.0511 |
| $H_2$ | 0.244 | 0.0266 |
| $N_2$ | 1.39 | 0.0391 |
| $O_2$ | 1.36 | 0.0318 |
| $Cl_2$ | 6.49 | 0.0562 |
| $CO_2$ | 3.59 | 0.0427 |
| $CH_4$ | 2.25 | 0.0428 |
| $NH_3$ | 4.17 | 0.0371 |
| $H_2O$ | 5.46 | 0.0305 |

# III. 실험 원리

## 1. 기체 상수 측정

알칼리 금속 Na는 $Na_2CO_3$ 형태의 탄산염을 형성하는데 알칼리금속의 탄산염을 묽은 염산에 넣어주면 $CO_2(g)$ 기체가 발생한다.

$$Na_2CO_3(s) + 2HCl(aq) \rightarrow 2Na^+(aq) + 2Cl^-(aq) + H_2O(l) + CO_2(g)$$

이 반응에서 발생한 $CO_2$ 기체의 부피는 기체 부피 측정 장치의 눈금을 읽음으로써 간단하게 구할 수 있다. 그러나 기체 부피 측정 장치에는 이산화탄소와 함께 수증기도 포함되어 있으므로 생성된 이산화탄소 기체의 압력을 정확히 알아내기 위해서는 수증기의 압력을 보정해 주어야 한다. 또한 탄산 소듐을 한계시약으로 하고 그 질량을 정확히 측정함으로써 생성된 $CO_2$의 양(몰수)을 예측할 수 있고 생성된 기체의 온도는 대기의 온도와 일치하는 것으로 가정한다. 이 실험에서는 알칼리 금속의 탄산염인 $Na_2CO_3$을 HCl 용액에 넣을 때 발생하는 $CO_2$ 기체 양을 측정하고 이를 이상 기체 상태 방정식 및 반데르발스 상태방정식에 적용하여 기체 상수 $R$을 실험적으로 구해본다.

## • 생성된 기체와 부피 변화의 관계

1. 가정 : 분자 운동론과 동일
2. 생성 전 : $P_i V_i = n_i RT$
3. 생성 후 : $P_f V_f = n_f RT$
4. $P_f V_f - P_i V_i = (n_f - n_i)RT$

$$P_i = P_f \text{이면, } P_i \Delta V = \Delta nRT$$

## • 실험 장치에 적용

1. 수위 조절기 : 압력을 일정하게 유지함. $(P_i = P_f)$
2. $P_i \Delta V = \Delta nRT,\ \Delta n = \Delta n_{CO_2} + \Delta n_{H_2O}$
3. $P_i \Delta V = (\Delta n_{CO_2} + \Delta n_{H_2O})RT = \Delta n_{CO_2}RT + \Delta n_{H_2O}RT = \Delta n_{CO_2}RT + P_{H_2O}\Delta V$
4. $(P_i - P_{H_2O})\Delta V = \Delta n_{CO_2}RT$

$$\Delta V = \text{반응 시 생성된 부피}$$

$$R = \frac{(P_i - P_{H_2O})\Delta V}{\Delta n_{CO_2}T}$$

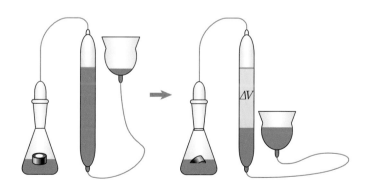

## 2. 미지 탄산염 분석

이 실험에서는 알칼리 금속의 탄산염을 HCl 용액에 넣을 때 발생하는 $CO_2$ 기체 양을 측정해서 알칼리 금속의 종류를 알아내는 과정을 통하여 측정에 영향을 줄 수 있는 불확실도 요인을 파악해 본다. 알칼리 금속 M(Li. Na, K, Rb, Cs, Fr)은 $M_2CO_3$ 형태의 탄산염을 형성하는데, 알칼리 금속의 탄산염을 묽은 염산에 넣어주면 $CO_2$ 기체가 발생한다. 주어진 무게의 탄산염에서 얻어진 $CO_2$ 기체의 양을 알아내면 알칼리 금속 M의 종류를 알아낼 수 있다.

$$M_2CO_3(s) + 2HCl(aq) \rightarrow 2M^+(aq) + 2Cl^-(aq) + H_2O(l) + CO_2(g)$$

실험에 사용된 알칼리 금속(미지시료)의 종류를 알기 위해서는 시료의 몰 질량(Mw)을 구하면 되는데, 몰 질량은 어떤 원소의 원자 1몰의 질량으로 정의되고, 그 값은 수치적으로 원소의 단위가 없는 상대 원자량과 같다. 본 실험에서는 발생한 $CO_2$ 기체의 부피를 측정하여, 이상 기체 법칙($PV = nRT$)을 이용하여 알칼리 금속의 분자량을 알아내고자 한다.

# IV. 실험 기구 및 시약

**1) 기구** : 100 mL 수위조절관, 수위조절기, 100 mL 조인트 삼각플라스크, 진공 어답터, 튜브, 파라필름, 온도계, vial 뚜껑, 핀셋, 100 mL 부피 플라스크, 저울, 유산지, 약수저
**2) 시약** : 3.0 $M$ hydrochroic acid (HCl), sodium carbonate ($Na_2CO_3$), 미지 탄산염 1, 2 ($M_2CO_3$), 증류수

# V. 실험 방법

**〈시약 준비〉**

1) 35.0% 염산을 사용하여 3.0 $M$ HCl 표준용액 100 mL 제조한다.
2) $Na_2CO_3(s)$ 0.100, 0.200, 0.300, 0.400 g을 vial 뚜껑에 담아 질량을 기록한다. (유산지를 vial 뚜껑 아래에 깔아 실수로 시약을 흘리더라도 저울이 더럽혀 지지 않도록 한다.)

3) 미지 탄산염 $M_2CO_3(s)$ 1과 2를 0.200 g을 vial 뚜껑에 담아 질량을 기록한다.

4) 기체 수집관 안의 증류수를 $CO_2$ 기체로 포화시키기 위해 0.300 g의 $Na_2CO_3(s)$를 vial 뚜껑에 담아둔다.

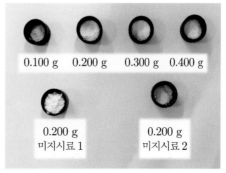

### 〈실험 장비 설치〉

1) 스탠드에 수위조절관을 걸기 위한 뷰렛 클램프를 고정한다.

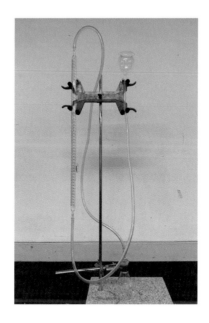

2) 어댑터와 수위조절관, 수위조절관과 수위조절기를 튜브로 연결하고 연결 부위를 파라 필름을 이용해 밀봉한다.

3) 이 때 눈금이 낮은 쪽이 어댑터, 높은 쪽이 수위조절기 방향이어야 한다.

4) 수위조절관을 뷰렛 클램프에 고정한다.

5) 수위 조절기에 적당한 양의 물을 채운다.

(너무 많은 양을 채울 경우, 나중에 넘칠 수 있다. 또한 물을 채울 때 어답터를 삼각플라스크에 연결한 경우에 내부 압력이 작용해 물이 들어가지 않으므로 이를 꼭 확인한 뒤 물을 채운다.)

6) 수위조절관과 수위 조절기의 물 높이가 같은지 확인한다.

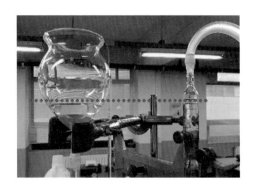

### 〈기체 상수 측정〉

1) 실험실 내 기압계의 압력과 온도, 증류수의 온도를 확인하여 기록한다.

2) 100 mL 삼각 플라스크에 HCl 수용액 20.0 mL을 넣고 0.30 g의 $Na_2CO_3$이 담긴 vial 뚜껑을 조심스레 올려 놓는다. (이 때 vial 뚜껑 안에 HCl 용액이 들어가지 않도록 주의하고, 삼각 플라스크 입구에 용액이 묻지 않도록 주의한다.)

3) 어답터를 플라스크에 연결하고 연결 부위로 기체가 새지 않도록 잘 막아주고 수위조절기와 수위조절관의 눈금을 일치시켜 기준값을 기록한다.

4) 플라스크를 흔들어 주면서 $Na_2CO_3(s)$와 염산의 반응을 진행시킨다. (이때 기체가 발생하면 수위조절관의 수면과 일치하도록 수위조절기를 맞춰준다.)

5) 더 이상 기체가 발생하지 않고 부피 변화가 없으면 수위 조절기와 수위조절관의 수면을 일치시키고 수위조절관의 눈금을 읽어 생성된 부피를 기록한다. (이 과정이 $CO_2$ 기체를 수위 조절관 내 증류수에 포화시키는 단계이다.)

6) 0.100~0.400 g의 $Na_2CO_3$와 0.200 g의 미지 탄산염 $M_2CO_3$에 대해서도 동일한 방법으로 반복한다

## VI. 주의사항

- HCl 용액 제조시, 증류수를 부피 플라스크에 약 50 mL 채운 후 HCl 용액을 첨가하여 충분히 흔들어 준 뒤에, 표시된 선까지 증류수를 채운다.
- HCl 용액을 제조할 때에 피부에 튀지 않도록 주의한다. 남은 HCl 용액은 산 폐수통에 버린다.
- 수위조절기와 수위조절관의 수위가 같게 최대한 수평을 유지하여 기준 값을 정확히 기록한다.
- $CO_2$는 물에 어느 정도 녹기 때문에 포화시키지 않으면 정확한 $CO_2$ 기체의 부피를 측정할 수 없다. 한 번의 연습 실험을 통하여 $CO_2$ 기체를 증류수에 포화시키고 실험을 진행한다.
- Vial 뚜껑에 시료를 담아 플라스크 안에 넣을 시 절대로 HCl 수용액과 반응하여 기체가 발생하지 않도록 조심스럽게 집어 넣는다.
- 시료를 삼각 플라스크에 넣은 후, 어댑터를 끼웠을 때 압력이 높아지므로 수위를 한번 더 확인하고, 수위조절기와 수위가 동일하지 않을 경우 다시 수위를 맞춰준다.

# 실험 2. 기체상수 측정 및 탄산염 분석

## 1. 목적

## 2. 실험 기구 및 시약

**1) 기구** : 100 mL 수위조절관, 수위조절기, 100 mL 조인트 삼각플라스크, 진공 어답터,
튜브, 파라필름, 온도계, vial 뚜껑, 핀셋, 100 mL 부피 플라스크, 저울, 유산지,
약수저

**2) 시약** : 3.0 $M$ hydrochroic acid (HCl), sodium carbonate ($Na_2O_3$), 미지 탄산염
1, 2 ($M_2CO_3$), 증류수

| 3.0 $M$ HCl 수용액 100 mL | 35.0% HCl (d = 1.18 g/mL, Mw = 36.458 g/mol) _____ mL |

[계산과정]

# 3. 실험 방법

## 4. 주의사항

## 5. 실험결과표

### 실험 A. 압력 보정

| 실험실 온도 | ℃ | | K |
|---|---|---|---|
| 물의 온도 | ℃ | | K |
| 물의 증기압 (torr) | | | |
| 대기압 (hPa) | | | |
| 보정 압력 (atm) | | | |

### 실험 B. 기체 상수의 결정

| | 실제 사용한 $Na_2CO_2$의 질량 (g) | 처음 눈금 (mL) | 반응 후 눈금 (mL) | $CO_2$의 부피 (mL) |
|---|---|---|---|---|
| 1) 0.100 g | | | | |
| 2) 0.200 g | | | | |
| 3) 0.300 g | | | | |
| 4) 0.400 g | | | | |

### 실험 C. 탄산염 분석

| | 사용량 (g) | 처음 눈금 (mL) | 반응 후 눈금 (mL) | $CO_2$의 부피 (mL) |
|---|---|---|---|---|
| 미지시료 1 | | | | |
| 미지시료 2 | | | | |

## 실험 2. 기체상수 측정 및 탄산염 분석 결과보고서

| 실험일 | 제출함 No. | 담당교수 | 점  수 |
|--------|-----------|---------|--------|
|        |           |         |        |
| 학  과 | 학  번 | 이  름 |  |
|        |        |        |  |

## I. Abstract

## II. Data

■ 압력 보정

| 실험실 온도 | ℃ | | K |
|---|---|---|---|
| 물의 온도 | ℃ | | K |
| 물의 증기압 (torr) | | | |
| 대기압 (hPa) | | | |
| 보정 압력 (atm) | | | |

■ $Na_2CO_3$의 질량에 따른 생성된 $CO_2$의 부피 측정

| | 실제 사용한 $Na_2CO_3$의 질량 (g) | 처음 눈금 (mL) | 반응 후 눈금 (mL) | $CO_2$의 부피 (mL) |
|---|---|---|---|---|
| 1) 0.100 g | | | | |
| 2) 0.200 g | | | | |
| 3) 0.300 g | | | | |
| 4) 0.400 g | | | | |

■ 미지 탄산염으로부터 생성된 $CO_2$의 부피 측정

| | 사용량 (g) | 처음 눈금 (mL) | 반응 후 눈금 (mL) | $CO_2$의 부피 (mL) |
|---|---|---|---|---|
| 미지시료 1 | | | | |
| 미지시료 2 | | | | |

# III. Results

■ 기체 상수의 결정 ($PV = nRT$)

| | 기체의 몰수 (n, mole) = 사용한 $Na_2CO_3$ 양 / $Na_2CO_3$ 분자량 | | 기체 상수 R (atm · L/mol · K) | |
|---|---|---|---|---|
| 1) 0.100 g | | | [평균 기체상수 R] | [오차율] |
| 2) 0.200 g | | | | |
| 3) 0.300 g | | | | |
| 4) 0.400 g | | | | |

■ 미지 탄산염 분석 ($M_W = \dfrac{wRT}{PV}$)

| | 미지시료의 분자량 | 미지시료의 금속 원자량 | 예상 시료 | 오차율 |
|---|---|---|---|---|
| 미지시료 1 | | | | |
| 미지시료 2 | | | | |

# 3 엔탈피 변화의 측정

## I. 실험 목적

- 산과 염기의 중화 반응을 이용해서 엔탈피가 상태함수임을 이해하고, 열량계를 이용한 반응열 측정 방법을 알아본다.
- 반응열, 용해열, 중화열을 이용해서 Hess의 법칙이 성립함을 확인한다.

## II. 실험 이론

화학에서 열은 아주 기본적이다. 화학의 궁극적인 관심은 원자의 재배열을 통한 물질의 변화에 있고, 물질의 변화에는 열의 출입이 수반되기 마련이다. 왜냐하면 화학 변화의 전후 상태에는 에너지의 차이가 있고 대부분의 경우에 그 에너지 차이가 열의 형태로 나타나기 때문이다.

화학 반응은 대부분의 경우에 일정한 압력 하에서 일어난다. 따라서 일정한 압력 하에서의 열 출입을 결정하는 엔탈피(enthalpy)가 중요한 양이다. 엔탈피는 현실적으로도 아주 중요하다. 차에 휘발유를 넣고 달리는 경우를 생각해보자. 탄화수소가 연소해서 발생하는 이산화탄소는 다행히 상온에서 기체이다. 그러나 다른 하나의 생성물인 물은 상온에서 액체이다. 따라서 탄화수소의 연소가 발열 반응이 아니라면 물이 수증기로 바뀌는 대신 액체 상태로 남아 있을 것이고, 엔진의 냉각수는 필요 없을지 몰라도 차는 추진력을 얻기 힘들 것이다. 우주선 추진 로케트의 경우도 마찬가지이다. 발생하는 열은 물을 기화시키고 이 수증기와 이산화 탄소의 팽창은 추진력을 제공한다. 따라서 어떤 물질이 연소할 때 얼마만한 열을 낼지는 실제적으로 중요한 문제가 된다.

이와 같이 어떤 화학 반응에서 얼만큼의 열이 날지를 예측하기 위해서는 각 물질의 엔탈피를 알고 있어야 한다. 그리고 엔탈피는 상태 함수이기 때문에 반응물과 생성물의 엔탈피를 알면 화학 변화에 대한 엔탈피 변화를 계산할 수 있게 된다. 그런데 엔탈피 변화를 직접 조사할 수 없는 경우가 많이 있다. 탄소가 수소와 결합해서 탄화수소가 되는 경우의 엔탈피 변화는 얼마나 될까? 이런 반응은 쉽게 일어나지 않기 때문에 직접 측정하는 것은 불가능하고 대신 간접적인 방법을 쓰게 된다.

대부분의 경우에 화학 반응이 진행되면 주위에서 열을 흡수하거나 주위로 열을 방출하게 된다. 화학 반응에서 출입하는 열의 양은 '열량계'라는 장치를 사용해서 측정할 수 있다. 정밀한 측정을 위한 열량계는 그 구조가 상당히 복잡하지만, 단열이 잘 되는 보온병이나 스타이로폼으로 만든 컵이나 단열된 플라스크 등을 간단한 열량계로 사용할 수도 있다.

열량계를 이용하기 위해서는 열량계의 비열용량 $s$와 열량계의 질량을 먼저 알아야 한다. 비열용량은 1 g 물질의 온도를 1℃ 변화시키는데 필요한 열의 양을 나타낸다. 따라서 비열용량이 $s(\mathrm{J}/℃ \cdot \mathrm{g})$인 물질 $w(\mathrm{g})$의 온도가 $\Delta T(℃)$ 만큼 변화했을 때 출입한 열의 양 $q(\mathrm{J})$는 다음과 같이 계산할 수 있다.

$$q = sw\Delta T$$

"우주의 에너지는 일정하다."는 열역학 제 1법칙은 **에너지($E$)**와 **엔탈피($H$)**라는 열역학적 양을 정의한다. 계의 내부 에너지는 그 계를 이루고 있는 모든 입자의 운동 에너지와 퍼텐셜 에너지의 합으로 정의할 수 있고, 어떤 계의 내부 에너지의 변화는 다음과 같이 표현할 수 있다.

$$\Delta E = q + w$$

계의 에너지를 나타내는 다른 값인 엔탈피는 다음과 같이 정의한다.

$$H = E + PV$$

일정한 압력하에서 변화가 일어나며 변화 과정에서 압력-부피의 일($w = -P\Delta V$)외의 다른 일은 발생하지 않는다고 가정해 보자. 이와 같은 가정하에서는

$$\Delta E = q_p + w = q_p - P\Delta V$$

가 되며,

$$q_p = \Delta E + P \Delta V$$

가 된다. 이제 $q_p$를 엔탈피와 관계지어 보자면 엔탈피의 정의는 $H = E + PV$이므로

$$H의 \ 변화 \ = \ (E의 \ 변화) + (PV의 \ 변화)$$

즉,

$$\Delta H = \Delta E + \Delta(PV)$$

가 된다. 일정한 압력이라는 조건을 적용하면 PV의 변화는 단지 부피 변화에만 기인하므로 위의 식은 다음과 같이 다시 표현할 수 있다.

$$\Delta H = \Delta E + P \Delta V$$

즉, $\Delta H$와 $q_p$가 같은 값을 가지게 되므로, 일정한 압력하에서 변화가 일어나며 부피 변화에 의한 일만 발생하는 경우에는 다음 식이 성립하게 된다.

계가 부피 팽창에 의한 일만을 할 수 있는 경우에 계의 상태 변화에 의하여 출입하는 열의 양은 상태 변화의 조건에 따라 다음과 같게 된다.

$$\Delta E = q_v$$

$$\Delta H = q_p$$

여기서 $q_v$와 $q_p$는 각각 일정한 부피와 일정한 압력에서의 상태 변화에서 출입하는 열의 양을 나타낸다. 상태 변화에 따라 출입하는 열의 양을 측정해서 알아낸 에너지와 엔탈피의 변화는 화학 반응의 평형 조건이나 자발적인 변화의 방향을 알아내는 중요한 정보를 제공하게 된다.

화학 반응에서 엔탈피 변화는 다음 식으로 나타낸다.

$$\Delta H = H_{생성물} - H_{반응물}$$

엔탈피는 상태 함수이기 때문에 상태 변화에 따른 엔탈피 변화량, 즉 반응열은 변화의 경로에 상관없이 언제나 일정하다. 따라서 여러 단계를 거쳐서 화학 반응이 일어나는 경우에 각 단계에서의 반응열을 모두 합하면 반응 전체에서 일어나는 반응열과 같게 되며, 이것을 **헤스의 법칙**(Hess's law)이라고 부른다. 러시아의 화학자 헤스(Germain Henri Hess)는

많은 반응의 반응열을 측정하여 에너지 보존법칙이 확립되기 전에 경험적으로 헤스의 법칙을 이끌어냈다. 실제로 많은 화합물의 표준 생성 엔탈피(standard enthalpy of formation, $\Delta H_f^o$)는 헤스의 법칙을 통해서 얻어진다.

# III. 실험 원리

## 1. 반응열 측정

이 실험에서는 강염기인 수산화 포타슘(KOH)과 강산인 염산(HCl)의 중화 반응을 다음과 같이 두 가지 방법으로 진행시키면서 반응열을 측정하여 헤스의 법칙이 성립하는 것을 확인한다.

고체 KOH을 HCl 수용액에 넣으면 중화 반응이 일어나고, 이때의 반응열을 $\Delta H_A$라고 부르기로 한다.

[반응 1]  $KOH(s) + HCl(aq) \rightarrow H_2O(l) + K^+(aq) + Cl^-(aq)$  $\Delta H_A = -114.91 \, \text{kJ/mol}$

KOH과 HCl의 중화 반응은 다음과 같이 두 단계로 일어나게 만들 수 있다. 즉, 고체 KOH을 먼저 물에 녹여서 KOH 수용액을 만들고 (반응 2), 그 수용액을 HCl 수용액으로 중화시킨다 (반응 3). 이때의 반응열을 각각 $\Delta H_B$와 $\Delta H_C$으로 부르기로 한다.

[반응 2]  $KOH(s) \rightarrow K^+(aq) + OH^-(aq)$  $\Delta H_B = -57.61 \, \text{kJ/mol}$

[반응 3]  $KOH(aq) + HCl(aq) \rightarrow K^+(aq) + Cl^-(aq) + H_2O(l)$  $\Delta H_A = -57.3 \, \text{kJ/mol}$

[전체 반응식]  $KOH(s) + HCl(aq) \rightarrow KCl(aq) + H_2O(l)$

## 2. 헤스의 법칙 성립 확인

위의 반응에서 두 단계의 합이 전체 반응이 되며, 다음의 관계가 성립된다.

$$(\Delta H_A = \Delta H_B + \Delta H_C)$$

즉, 반응이 한 단계로 완결되거나, 또는 두 단계를 거쳐 일어나는 것에 관계 없이 KOH과

HCl이 중화반응하여 물($H_2O$)과 염화 포타슘(KCl)이 만들어질 때의 엔탈피의 변화량은 같다. 이러한 내용을 그림으로 나타내자면 그림 3-1과 같다.

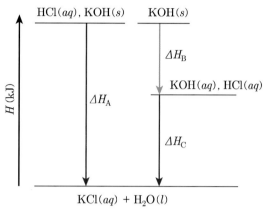

**그림 3-1** 중화 반응의 엔탈피 변화

# IV. 실험 기구 및 시약

**1) 기구** : 스티로폼 열량계, 솜, 디지털온도계, 교반자석, 비커(250 mL : 열량계 내부에 들어가는 비커), 교반기, 100 mL 부피플라스크, 50 mL 눈금실린더, 저울, 유산지, 약수저

**2) 시약** : 증류수, 1.00 $M$ hydrochloric acid (HCl), 1.00 $M$ potassium hydroxide (KOH, 85%, Mw = 56.108 g/mol)

# V. 실험 방법

### 〈시약 준비〉

1) 35.0% HCl(Mw = 36.458 g/mol, d = 1.18 g/mL)을 사용하여 1.00 $M$ HCl 표준용액 100 mL 제조한다.

2) KOH(Mw = 56.108 g/mol, 85%)를 사용하여 1.00 $M$ KOH 표준용액 100 mL 제조한다.

## 실험 A. 열량계의 열용량 측정

1) 250 mL 비커에 교반 자석(stirring bar)을 넣고 스티로폼과 솜을 이용하여 간이 열량계를 만든 후, 뚜껑에 온도계를 같이 설치하여 열량계의 총 무게를 정확하게 기록한다.

2) 차가운 증류수 50.0 mL를 열량계 속의 비커에 넣고 열량계의 총 무게를 측정한 후(물의 질량 측정), 교반하여 평형상태의 온도를 측정한다.

3) 미리 준비된 따뜻한 증류수 50.0 mL 정도를 준비하여 2분 동안 10초 간격으로 온도를 측정하여 기록한다. (강사: 실험실 앞에서 미리 준비하여 학생들에게 50.0 mL씩 나누어줌)

4) 2분 10초가 되는 순간 따뜻한 증류수를 열량계에 넣고 교반하며 2분 30초 ~ 5분까지 10초 간격으로 온도를 측정한다.

5) 열량계의 총 무게를 측정하고 깨끗하게 닦아서 말린다.

## 실험 B. 반응열($\Delta H_A$)의 측정

1) A 실험시 사용한 열량계를 사용하여 1.00 $M$ HCl 용액 50.0 mL와 증류수 50.0 mL를 비커에 넣고 교반 하면서 2분 동안 10초 간격으로 온도를 측정한다.

2) 약 3.29 g (초과하지 않는다.) KOH(s)를 준비하여 초시계가 2분 30초가 되는 순간 KOH(s)를 열량계에 넣고 2분 50초 ~ 5분까지 10초 간격으로 온도를 측정한다. (필요하다면 10분까지 10초 간격으로 온도를 측정한다.)

3) 열량계의 총 무게를 측정하고 깨끗하게 닦아서 말린다.

## 실험 C. 용해열($\Delta H_B$)의 측정

1) 1.00 $M$ HCl 용액 대신 증류수 100 mL로 실험 B의 과정을 반복한다.

## 실험 D. 중화열($\Delta H_C$)의 측정

1) 1.00 $M$ HCl 용액과 1.00 $M$ KOH 용액의 온도가 같은지 확인한다.

2) A실험 시 사용한 열량계를 사용하여, 1.00 $M$ HCl 용액 50.0 mL를 비커에 넣고 교반을 하면서 2분 동안 10초 간격으로 온도를 측정한다.

3) 1.00 *M* KOH 용액 50.0 mL를 실린더를 이용하여 초시계가 2분 30초가 되는 순간 열량계에 넣고 2분 50초 ~ 5분까지 10초 간격으로 온도를 측정한다. (필요하다면 10분까지 10초 간격으로 온도를 측정한다.)

4) 열량계의 총 무게를 측정하고 깨끗하게 닦아서 말린다.

## VI. 주의사항

- KOH(*s*)는 흡습성이 있기 때문에 무게를 빠르게 측정하고 오랜 시간 동안 공기 중의 수분에 노출되지 않도록 하며 손으로 만지지 않는다. (뚜껑을 열어 놓고 방치하지 않는다.)
- HCl 시약은 반드시 후드 안에서 사용하도록 한다.
- KOH, HCl 시약은 유독하므로 취급 시 주의하고 저울이나 실험 테이블 위에 떨어뜨렸을 경우 바로 닦아내도록 한다.
- 모든 실험들은 타이머(초시계)를 멈추지 않고 한 번에 진행되어야 한다.
- 실험 시 교반을 너무 빠르게 해서 용액이 비커를 넘치지 않도록 조심하고, 온도계와 부딪히지 않도록 한다.
- 모든 실험 시 같은 열량계(비커 및 교반 자석)를 사용하여 열량계의 열용량이 달라지지 않도록 한다.
- KOH(*s*)나 KOH 용액 등을 넣는 순간을 제외하고 열량계의 뚜껑이 잘 닫혀있도록 한다. 뚜껑위의 구멍에 온도계를 꽂고 남은 빈 공간을 솜으로 막아 주도록 한다.
- 뚜껑을 들어올릴 때에 온도계를 손잡이로 사용하지 않으며, 열량계를 열 교반기 위에 올려 놓을 때에 교반기의 표면 온도를 주의한다.
- 표준용액 생성시 열이 발생하기 때문에 플라스크의 밑부분을 손으로 만지지 않는다.

| [학번] | [점수] |
|---|---|
| [이름] | |

## 1. 목적

## 2. 실험 기구 및 시약

**1) 기구** : 스티로폼 열량계, 솜, 디지털온도계, 교반자석, 비커(250 mL : 열량계 내부에 들어가는 비커), 교반기, 100 mL 부피플라스크, 50 mL 눈금실린더, 저울, 유산지, 약수저

**2) 시약** : 증류수, 1.00 $M$ hydrochroic acid (HCl), 1.00 $M$ potassium hydroxide (KOH, 85%, Mw = 56.108 g/mol)

| | |
|---|---|
| 1.00 $M$ HCl 수용액 100 mL | 35.0% HCl (d = 1.18 g/mL, Mw = 36.458 g/mol) _____ mL |
| 1.00 $M$ HCl 수용액 100 mL | KOH (85%, Mw = 56.108 g/mol) _____ g |

[계산과정]

## 3. 실험 방법

## 4. 주의사항

## 5. 실험결과표

| | 실험 A.<br>열량계의<br>열용량 측정 | 실험 B.<br>반응열 측정 | 실험 C.<br>용해열 측정 | 실험 D.<br>중화열 측정 |
|---|---|---|---|---|
| 빈 열량계의 질량 | | | | |
| 차가운 증류수<br>50.0 mL 첨가 후 질량 | | — | — | — |
| 최종 열량계의 질량 | | | | |
| 차가운 증류수 온도 | | — | — | [온도 확인] |
| KOH(s)의 양 (g) | — | | | — |

## ■ 온도 변화 관찰 ($T_i$ & $T_f$ 결정)

| | 실험 A.<br>열량계의 열용량<br>측정 | 실험 B.<br>반응열 측정 | 실험 C.<br>용해열 측정 | 실험 D.<br>중화열 측정 |
|---|---|---|---|---|
| 10 | | | | |
| 20 | | | | |
| 30 | | | | |
| 40 | | | | |
| 50 | | | | |
| 60 | | | | |
| 70 | | | | |
| 80 | | | | |
| 90 | | | | |
| 100 | | | | |
| 110 | | | | |
| 120 | | | | |
| 130 | | | | |
| 140 | | | | |
| 150 | | | | |
| 160 | | | | |
| 170 | | | | |
| 180 | | | | |
| 190 | | | | |
| 200 | | | | |
| 210 | | | | |
| 220 | | | | |
| 230 | | | | |
| 240 | | | | |
| 250 | | | | |
| 260 | | | | |
| 270 | | | | |
| 280 | | | | |
| 290 | | | | |
| 300 | | | | |

## 실험 3. 엔탈피 변화의 측정 결과보고서

| 실험일 | 제출함 No. | 담당교수 | 점 수 |
|---|---|---|---|
|  |  |  |  |
| 학 과 | 학 번 | 이 름 |  |
|  |  |  |  |

## I. Abstract

## II. Data

| | 실험 A.<br>열량계의 열용량<br>측정 | 실험 B.<br>반응열 측정 | 실험 C.<br>용해열 측정 | 실험 D.<br>중화열 측정 |
|---|---|---|---|---|
| 빈 열량계의 질량 | | | | |
| 차가운 증류수<br>50.0 mL 첨가 후 질량 | | — | — | — |
| 최종 열량계의 질량 | | | | |
| 차가운 증류수 온도 | | — | — | [온도 확인] |
| KOH(s)의 양 (g) | — | | | — |

## III. Results

■ 온도 결정

| 1) 실험 A [그래프 첨부] | 2) 실험 B [그래프 첨부] |
|---|---|
| 3) 실험 C [그래프 첨부] | 4) 실험 D [그래프 첨부] |

■ 엔탈피 변화

| | $T_c$ | $T_h$ | $T_f$ | $q_H$ | $q_C$ | $q_{cal}$ | $C_{cal}$ |
|---|---|---|---|---|---|---|---|
| 실험 A | | | | | | | |
| | $T_i$ | $T_f$ | $q_{sol}$ | $q_{cal}$ | $q_{반응}$ | $\Delta H$ | 오차율 |
| 실험 B | | | | | | | |
| 실험 C | | | | | | | |
| 실험 D | | | | | | | |
| Hess의 법칙 성립 확인 | | | | | | | |

# 4    수소의 발견과 이해

## I. 실험 목적

- 전기분해 반응을 통해 수소의 발생과 반응성을 확인한다.
- 금속과 산의 반응을 통해 금속의 몰질량을 결정해 본다.
- 수소 방전관과 분광기를 사용하여 수소 스펙트럼을 직접 관찰한다.

## II. 실험 이론

수소는 우주가 시작할 무렵부터 자연에 존재했지만 인간이 수소를 분리하고 이름을 붙이기 시작한지는 2백년 정도가 지났을 뿐이다. 그런데 이 기간 동안 인간이 써 내려간 자연에 관한 지식의 중요한 고비에는 수소가 있었다. 수소의 역사가 곧 화학과 물리학의 역사였다고 말할 수 있을 정도다.

1766년 영국의 캐번디시(Cavendish)가 발견한 '가연성 공기'라고 불린 기체로부터 수소에 대한 탐색은 시작되었다. 우리가 사용하는 '수소'라는 이름을 붙인 사람은 프랑스의 화학자 라부아지에(Lavoisier)였다. 라부아지에는 가열된 관에 수증기를 통과시켜 산소와 수소로 분해하는 실험에 성공했으며, 이 실험에서 발생하는 수소는 바로 물이 분해된 것이라고 확신했다.

물질의 근본을 규명하려는 화학의 논의에는 항상 수소가 중심을 차지하고 있었다. 그리고 이 점은 원자가 깨져 원자 이하의 세계가 알려질 때도 예외가 아니었다. 자연계의 다른 물질은 수소의 원자핵인 양성자가 몇 개 모여있느냐에 따라 그 성질과 구조가 달라진다. 수소의 내부 구조가 해명됨으로써 수소는 모든 원소를 이루는 기본 원소가 되었고, 과학자들은 자연의 비밀을 푸는 가장 간단한 열쇠를 갖게 되었다.

이 실험에서는 화합물에 붙잡혀 있던 수소가 어떻게 발견되었는지 재현해 보고, 같은 실험을 통해 금속의 몰질량을 결정해 본다. 또한 폭명성 실험으로 수소의 반응성을 확인하고 수소와 산소의 전기음성도 차이의 의미를 체험한다. 아울러 기체 방전관과 간단한 분광기를 사용하여 선스펙트럼을 직접 관찰한다.

# III. 실험 원리

## 1. 금속과 산의 반응

캐번디시(Cavendish)는 Zn, Fe, Sn 등 금속에 산을 가하면 잘 타는 기체가 발생하는 것과 반응의 결과로 물이 생기는 것을 발견하였다. 수소(水素, hydrogen)는 문자 그대로 물을 만드는 원소로서 처음 인류에게 알려지게 된 것이다.
원자량이 다른 몇 가지 금속을 같은 무게로 취하고 과량의 염산을 넣으면 발생하는 수소의 몰수가 다를 것이다. 같은 온도와 압력 조건에서 발생하는 수소를 포집하고 부피를 측정하면 금속의 몰질량을 결정할 수 있게 된다.

$$M(s) + HA(aq) \rightarrow MA(aq) + \frac{1}{2}H_2(g)$$

## 2. 물의 전기분해 및 수소의 폭명성

물은 수소가 만드는 화합물 중에서 가장 간단하면서도 가장 중요한 화합물이다. 물은 또한 대단히 안정한 화합물이다. 폭명성 실험에서 볼 수 있듯이 수소가 탈 때 많은 열이 나오는 것은 물이 그만큼 안정하기 때문이다. 물은 안정한 만큼 분해가 잘 안 되기 때문에 탈레스(Thales) 이래 물은 원소로 취급되어 왔다. 볼타(Volta)에 의해 전지가 발명되면서 물의 전기분해가 이루어져 물은 수소와 산소의 화합물이라는 사실이 확립되었다. 그 후 1806년 험프리 데이비(Humphrey Davy)는 "화학 결합의 본질은 전기적"이라고 말했는데, 전자가 발견된 것이 1897년이니까 대단한 통찰력이라고 볼 수 있다.

이 실험에서는 물의 전기분해를 재현해보면서 관련된 원리들을 체득하도록 한다. 액체인 물이 기체인 수소와 산소로 분해되면서 수소와 산소의 원자수 비율인 2:1이 눈 앞에 드러난다. 아보가드로의 원리에 따라서 같은 온도와 압력 하에서는 분자수의 비율은 부피비가 되기 때문이다. 또 하나 생각해 볼 중요한 문제는 수소와 산소의 기원이다. 수소는 약 150억 년 전 빅뱅 우주에서 태어난 가장 오래된 원소이다. 우주 공간에서 수소와 헬륨이 중력으로 모여들어 별을 만들고, 별의 내부에서 핵융합 반응에 의하여 무거운 원소들이 만들어진다. 별의 진화 과정에서 산소는 수소보다 수십억 년 후에 생겨난 것이다. 이처럼 다른 역사를 지닌 수소와 산소가 모여 물이 되었다가 전기분해에 의하여 따로 갈라져서 우리 눈앞에 모습을 드러내는 것이다. 물론 색깔이 없는 수소와 산소는 눈에 보이지 않지만 2:1의 부피비로부터 산소와 수소 기체로 구분할 수 있다.

## 1) 전해질 수용액

– 전해질이 물에 녹은 수용액 속에는 양이온과 음이온, 그리고 물 분자가 존재함

## 2) 전극 반응

▶ 양이온과 음이온이 물과 경쟁하므로, 이온의 종류에 따라 생성물이 달라짐

(−)극 : [환원 전극]에서의 반응 : 전해질의 양이온과 $H_2O$ 중 환원되기 쉬운 물질이 환원됨

| 양이온과 $H_2O$분자의 표준 환원 전위를 비교(양이온과 $H_2O$의 환원 경쟁) | |
|---|---|
| 표준 환원 전위 : $E^o_{양이온} < E^o_{H_2O}$ 인 경우 | 표준 환원 전위 : $E^o_{양이온} > E^o_{H_2O}$ 인 경우 |
| $Li^+$, $K^+$, $Na^+$, $Ca^{2+}$, $Mg^{2+}$, $Al^{3+}$ | $Cu^{2+}$, $Ag^+$ |
| → 물이 먼저 환원되어 수소 기체를 발생함 $$2H_2O(l) + 2e^- \rightarrow H_2(g) + 2OH^-(aq)$$ (수용액의 pH 증가) | → 양이온이 먼저 환원되어 금속으로 석출됨 $$Cu^{2+}(aq) + 2e^- \rightarrow Cu(s) \text{ (구리 석출)}$$ $$Ag^+(aq) + e^- \rightarrow Ag(s) \text{ (은 석출)}$$ |

(+)극 : [산화 전극]에서의 반응 : 전해질의 음이온과 $H_2O$ 중 산화되기 쉬운 물질이 산화됨

| 음이온과 $H_2O$분자의 표준 환원 전위를 비교(음이온과 $H_2O$의 산화 경쟁) | |
|---|---|
| 표준 환원 전위 : $E^o_{음이온} > E^o_{H_2O}$ 인 경우 | 표준 환원 전위 : $E^o_{음이온} < E^o_{H_2O}$ 인 경우 |
| $F^-$, $SO_4^{2-}$, $PO_4^{3-}$, $CO_3^{2-}$, $NO_3^-$ | $Br^-$, $I^-$ |
| → 물이 먼저 산화되어 산소 기체를 발생함 $$2H_2O(l) \rightarrow O_2(g) + 4H^+(aq) + 4e^-$$ (수용액의 pH 감소) | → 음이온이 먼저 산화되어 기체로 발생함 $$2Br^-(aq) \rightarrow Br_2(g) + 2e^-$$ |

예) 황산 구리(Ⅱ) 수용액의 전기 분해

- 황산 구리(Ⅱ) 수용액에는 $SO_4^{2-}$, $Cu^{2+}$, $H_2O$이 존재함

- (−)극 : [환원 전극]에서의 반응 :

  $Cu^{2+}$, $H_2O$중 표준 환원 전위가 큰 $Cu^{2+}$이 환원됨

  $\rightarrow Cu^{2+}(aq) + 2e^- \rightarrow Cu(s) \rightarrow$ 구리 석출

- (+)극 : [산화 전극]에서의 반응 :

  $SO_4^{2-}$, $H_2O$중 표준 환원 전위가 작은 $H_2O$이 산화됨

  $\rightarrow 2H_2O(l) \rightarrow O_2(g) + 4H^+(aq) + 4e^- \rightarrow$ 산소 기체 발생

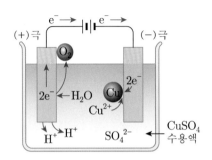

## 3. 수소의 선스펙트럼

　수소의 선스펙트럼을 설명하려는 노력의 결과로 보어(Bohr)의 모형이 태어나고 본격적인 양자 역학으로 이어졌다. 수소의 선스펙트럼은 수소가 우주에서 가장 풍부한 원소라는 사실을 알아내는 데도 직접적으로 중요한 역할을 했다.

　수소원자가 가질 수 있는 에너지 준위는 불연속적이며 특정 에너지 상태에 해당하는 양 만큼의 에너지를 갖는다. 따라서 전이되는 에너지 차에 의한 불연속 스펙트럼이 나타나게 된다. 이렇게 선 스펙트럼에서 나타난 특정 선의 진동수는 수소원자의 에너지 준위 도표에서의 두 준위간의 거리와 같다. 그러나 간단한 수소 원자의 경우를 제외하고는 선 스펙트럼이 다양한 에너지 전이를 나타내므로 실험적으로 얻은 스펙트럼으로부터 원자의 에너지 준위 도표를 만드는 것은 상당히 어렵다.

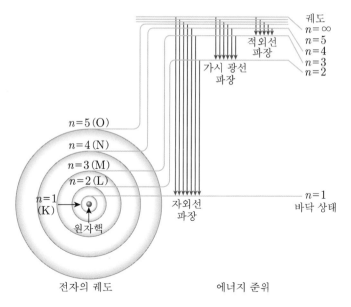

그림 4-1 보어 모형

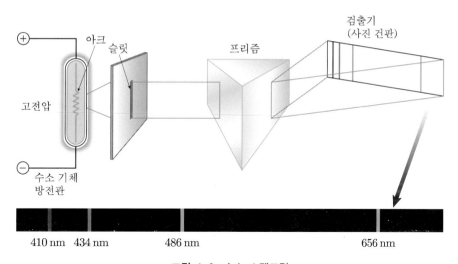

그림 4-2 수소 스펙트럼

# IV. 실험 기구 및 시약

**1) 기구** : 전기분해 장치, 250 mL 비커, 빨대, 토치, 100 mL 수위조절관, 수위조절기, 조인트 삼각플라스크, 진공 어답터, 튜브, 파라필름, 온도계, vial 뚜껑, 핀셋, 저울, 유산지, 약수저, 가위, 수소 방전관, 간이 분광기

**2) 시약** : 0.10 $M$ potassium carbonate ($K_2CO_3$), 6.0 $M$ hydrochroic acid (HCl), 금속(Zn, Al, Mg), 증류수, 비눗방울액

# V. 실험 방법

## 〈시약 준비〉

1) 0.10 $M$ $K_2CO_3$(Mw = 138.205g/mol) 수용액 100 mL를 제조한다.

2) 35.0% 염산을 사용하여 6.0 $M$ HCl(Mw = 36.458 g/mole, d=1.18 g/mL) 표준용액 100 mL를 제조한다.

3) 아연(Zn), 알루미늄(Al), 마그네슘(Mg) 약 40.0 mg을 vial 뚜껑에 담아둔다. (정확한 사용량을 기록하고, 무게를 잴 때 금속시료는 가위를 이용하여 잘게 잘라 준비한다.)

4) 기체 수집관 안의 증류수를 수소기체로 포화시키기 위해 마그네슘(Mg) 약 40.0 mg을 vial 뚜껑에 담아둔다.

## 실험 A. 전기 분해 실험

1) 옆면의 어댑터 전원에 전원공급기를 연결한다. 연결 뒤 전원공급기를 220 V 전원에 연결한다.

2) 제조한 0.10 $M$ $K_2CO_3$ 수용액을 전기 분해 장치에 넣어준다. 이 때 양극과 음극의 물 높이를 같게 맞춰준다. (양쪽의 밸브를 조절하여 맞춘다)

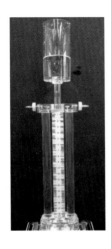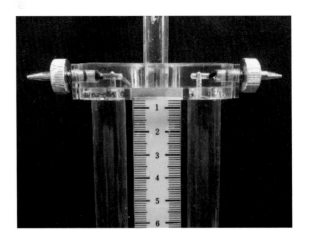

3) 전원 스위치를 켜고 본체의 전압조절기를 돌려 10.0 V로 설정한다.

4) 기체발생 여부를 확인한다. (−)극에서 수소, (+)극에서 산소가 발생한다.

5) 30분간 진행하여 기체가 충분히 발생하도록 하고 전원 스위치를 꺼 전기분해를 중단한다.

6) 기포가 잠잠해지면 발생한 수소와 산소기체의 부피를 측정한다.

7) 전기분해장치의 (−)극 밸브에 빨대를 꽂는다. 빨대의 반대 쪽에는 비눗방울액을 묻힌다.

8) 전기분해 장치의 밸브를 열어 수소기체를 밖으로 빼낸다. 이 때 비눗방울이 형성된다.

9) 생성된 비눗방울에 불을 붙여 수소의 폭명성을 확인한다.

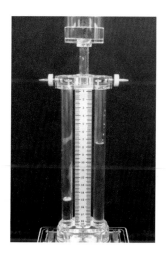

## 실험 B. 금속원소의 당량 결정 실험

1) 스탠드에 수위조절관을 걸기 위한 뷰렛 클램프를 고정한다.

2) 진공 조인트와 수위조절관, 수위조절관과 수위조절기를 튜브로 연결하고, 모든 연결 부위를 파라필름을 이용해 밀봉한다.

3) 이 때 눈금이 낮은 쪽이 진공 조인트, 높은 쪽이 수위조절기 방향이어야 한다.

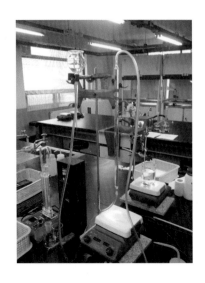
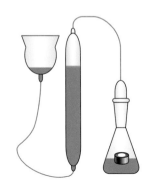

4) 수위조절관을 뷰렛 클램프에 고정하고 수위 조절기에 적당한 양의 물을 채운다. (너무 많은 양을 채울 경우, 나중에 넘칠 수 있다. 또한 물을 채울 때 조인트를 삼각플라스크에 연결한 경우에 내부 압력이 작용해 물이 들어가지 않으므로 이를 꼭 확인한 뒤 물을 채운다.)

5) 수위조절관과 수위조절기의 물 높이가 같은 지 확인한다.

6) 실험실 내 기압계의 압력과 온도, 증류수의 온도를 확인하여 기록한다.

7) 100 mL 삼각 플라스크에 6.0 $M$ HCl 수용액 10.0 mL를 넣고 포화실험용 마그네슘(Mg)

조각이 담긴 vial 뚜껑을 핀셋을 이용하여 조심스레 올려 놓는다. (이 때 vial 뚜껑 안에 HCl 용액이 들어가지 않도록 주의하고 삼각 플라스크 입구에 용액이 묻지 않도록 주의한다.)

8) 조인트를 플라스크에 연결하고 연결 부위로 기체가 새지 않도록 파라필름으로 잘 막아준다.

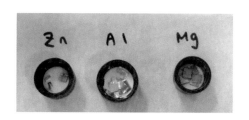

9) 수위조절기와 수위조절관의 눈금을 일치시켜 기준 값을 기록한다. (조인트를 끼웠을 때 압력이 높아지므로 반드시 수위를 다시 한번 더 확인한다.)

10) 플라스크를 흔들어 주면서 마그네슘과 염산의 반응을 진행시킨다. (이 때 기체가 발생하면 수위조절관의 수면과 일치하도록 수위 조절기를 맞춰 준다.)

11) 더 이상 기체가 발생하지 않으면 수위조절기와 수위조절관의 수면을 일치시키고 눈금을 읽어 생성된 부피를 기록한다.

12) 본 실험용 아연(Zn), 알루미늄(Al)과 마그네슘(Mg)에 대해서도 동일한 방법으로 반복한다.

## 실험 C. 수소의 선 스펙트럼

1) 어두운 환경에서 수소 방전관을 켠다.

2) 간이 분광기를 이용하여 수소의 선 스펙트럼을 관찰한다. (수소 방전관은 "On" 상태로 30초 이하로 사용하고, "Off" 상태로 30초를 냉각시킨 후 다시 사용한다.)

3) 예비보고서에 이론 값을 미리 그려오고(Pre-Lab), 관찰한 수소의 선 스펙트럼과 이론 값을 비교하여 본다.

## VI. 주의사항

- 전기분해 장치의 부속품(벨브, 연결링, 전극)이 잘 갖추어 졌는지 확인하고 실험을 시작한다. 실험 중에는 전기분해 장치의 부속품을 잃어버리지 않게 주의하면서 실험하고 전기분해 장치가 깨지지 않도록 주의한다.
- 전기분해 실험 후에는 남아있는 용액을 버리고 세척한다. 깔때기에 증류수를 채우고 흔들어 세척 후 본체를 거꾸로 하여 물을 제거한다. 이 과정을 3회 이상 반복한다.
- HCl 용액 제조 시, 증류수를 부피 플라스크에 약 40 mL 채운 후 HCl 용액을 첨가하여 충분히 흔들어 준 뒤, 표시된 선까지 증류수를 채운다.
- 수위조절기와 수위조절관의 수위가 같게 최대한 수평을 유지하여 기준 값을 정확히 기록한다.
- Vial 뚜껑에 시료를 담아 플라스크 안에 넣을 시 절대로 HCl 수용액과 반응하여 기체가 발생하지 않도록 조심스럽게 집어넣는다
- 수소의 방전관은 "On"상태로 30초 이하로 사용하고, "Off"상태로 30초를 냉각시킨 후 다시 사용한다.
- 시료를 삼각 플라스크에 넣은 후, 어답터를 끼웠을 때 압력이 높아지므로 수위를 한번 더 확인하고, 수위조절기와 수위가 동일하지 않을 경우 다시 수위를 맞춰준다.

# 실험 4. 수소의 발견과 이해

## 1. 목적

## 2. 실험 기구 및 시약

**1) 기구** : 전기분해 장치, 250 mL 비커, 빨대, 토치, 100 mL 수위조절관, 수위조절기, 조인트 삼각플라스크, 진공 어답터, 튜브, 파라필름, 온도계, vial 뚜껑, 핀셋, 저울, 유산지, 약수저, 가위, 수소 방전관, 간이 분광기

**2) 시약** : 0.1 $M$ potassium carbonate ($K_2CO_3$), 6.0 $M$ hydrochroic acid (HCl), 금속(Zn, Al, Mg), 증류수, 비눗물

| 0.1 $M$ $K_2CO_3$ 수용액 100 mL | $K_2CO_3$ (Mw = 138.205 g/mol) _____ g |
|---|---|
| 6.0 $M$ HCl 수용액 100 mL | 35.0% HCl (d = 1.18 g/mL, Mw = 36.458 g/mol) _____ mL |

[계산과정]

# 3. 실험 방법

## 4. 주의사항

## 5. 실험결과표

### 실험 A. 물의 전기분해

| | | | |
|---|---|---|---|
| (−)극 | 발생한 수소기체의 부피 | | mL |
| (−)극 | 수소의 폭명성 확인 | | |
| (+)극 | 발생한 산소기체의 부피 | | mL |

### 실험 B. 금속 원소의 몰질량 결정

| | | | |
|---|---|---|---|
| 실험실 온도 | | ℃ | K |
| 물의 온도 | | ℃ | K |
| 물의 증기압 (torr) | | | |
| 대기압 (hPa) | | | |
| 보정 압력 (atm) | | | |

| | 사용한 금속의 질량 (mg) | 처음 눈금 (mL) | 최종 눈금 (mL) | 발생한 $H_2(g)$의 부피 (mL) |
|---|---|---|---|---|
| Zn (65.38 g/mol) | | | | |
| Al (26.98 g/mol) | | | | |
| Mg (24.31 g/mol) | | | | |

### 실험 C. 수소의 선 스펙트럼 (Pre-Lab)  ※ 색연필 또는 색깔 펜으로 기록

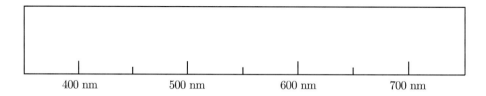

400 nm          500 nm          600 nm          700 nm

# 실험 4. 수소의 발견과 이해 결과보고서

| 실험일 | 제출함 No. | 담당교수 | 점 수 |
|---|---|---|---|
|  |  |  |  |
| 학 과 | 학 번 | 이 름 |  |
|  |  |  |  |

## I. Abstract

## II. Data & Results

### ■ 물의 전기 분해

| | | | |
|---|---|---|---|
| (−)극 | 발생한 수소기체의 부피 | | mL |
| | 수소의 폭명성 확인 | | |
| | [반응식] | | |
| (+)극 | 발생한 산소기체의 부피 | | mL |
| | [반응식] | | |
| 수소와 산소 기체의 발생 비율 | | | |

### ■ 금속 원소의 몰질량 결정

| | | | |
|---|---|---|---|
| 실험실 온도 | | ℃ | K |
| 물의 온도 | | ℃ | K |
| 물의 증기압 (torr) | | | |
| 대기압 (hPa) | | | |
| 보정 압력 (atm) | | | |

| | 사용한 금속의 질량 (mg) | 처음 눈금 (mL) | 최종 눈금 (mL) | 발생한 $H_2$(g)의 부피 (mL) |
|---|---|---|---|---|
| Zn (65.38 g/mol) | | | | |
| Al (26.98 g/mol) | | | | |
| Mg (24.31 g/mol) | | | | |

기체 상수 $R = 0.08206 \ \mathrm{atm \cdot L/mol \cdot K}$

| | 기체의 몰수 (n, mol) | 금속의 몰수 (n', mol) = n x 2/ 금속이온의 전하량 | 몰질량 (g/mol) | 오차율 (%) |
|---|---|---|---|---|
| Zn (65.38 g/mol) | | | | |
| Al (26.98 g/mol) | | | | |
| Mg (24.31 g/mol) | | | | |

### ■ 수소의 선 스펙트럼

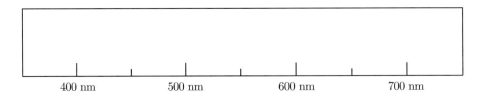

# 5 생활 속의 산-염기 분석

## I. 실험 목적

- NaOH의 표준 용액 제법을 익힌다.
- 식용 식초에 함유된 아세트산의 농도를 산-염기 적정을 통해 확인한다.
- 지시약과 pH 미터를 이용한 종말점 형성 지점의 차이를 관찰한다.

## II. 실험 이론

여러 물질의 변화나 화학반응이 산(acid), 염기(base)의 특성을 변화시키면서 일어나고 있고, 자연의 여러 가지 현상도 산성 또는 염기성 물질이 관련되어 나타난다. 그리고 우리 주변의 많은 물질들도 이러한 산과 염기의 성질을 갖고 있다. 식초, 오렌지 쥬스 등은 일상생활에서 흔히 접하는 산성 수용액이며, 제산제, 베이킹 소다 등을 물에 용해시키면 염기성 용액을 얻는다. 화학을 공부하려면 기본적으로 산과 염기에 대한 지식과 그 특성을 정확히 이해해야 한다.

산과 염기를 간단히 구분할 수 있는 일반적인 성질을 비교해 보면 다음과 같다. 산은 수용액에서 신맛을 내며 활성이 큰 금속과 반응하면 수소 기체를 발생시킨다. 또 청색 리트머스 시험지를 적색으로 변화시키는 성질이 있으며, 염산, 질산, 황산 등이 대표적이다. 반면에 염기는 쓰거나 떫은 맛이 있고 수용액에서 미끈미끈한 성질이 있으며, 적색 리트머스 시험지를 청색으로 변화시키는 탄산나트륨이나 석회 등과 같은 물질들이다. 이러한 산과 염기의 성질을 체계적으로 정립시킨 것은 Arrhenius, Brönsted와 Lowry, Lewis이며 이들이 이론화시킨 산과 염기의 개념은 다음과 같다.

|  | Arrhenius | Brönsted–Lowry, | Lewis |
|---|---|---|---|
| 산(acid) | 물에 녹아 $H^+$을 내주는 물질 | $H^+$을 내주는 물질 | 전자쌍을 받는 물질 |
| 염기(base) | 물에 녹아 $OH^-$을 내주는 물질 | $H^+$을 받는 물질 | 전자쌍을 내주는 물질 |

일반적으로 양성자($H^+$)를 주거나 받는 성질이 비교적 큰 물질들의 산, 염기 성질이나 그 세기는 Brönsted-Lowry의 개념만으로도 설명할 수 있다. 그러나 양성자를 주고받는 성질이 아주 약한 물질들의 산, 염기 성질은 Lewis의 개념으로 설명이 가능하고, 이는 Arrhenius와 Brönsted-Lowry의 이론을 더욱 확장시킨 개념이다.

산과 염기는 정량적으로 빠르게 반응하여 산과 염기의 특성을 잃고 염(salt)과 물을 생성하는 성질이 있다. 이와 같은 반응을 중화반응(neutralization reaction)이라 하며, 부식성이 강한 수산화나트륨 수용액에 역시 부식성이 강한 염산을 적당히 넣어주면 염화나트륨 (NaCl)이 만들어져 산과 염기의 부식성이 모두 없어져 버린 소금물이 되는 것이 바로 그런 중화 반응의 예이다.

$$HCl + NaOH \rightarrow NaCl + H_2O$$

산과 염기의 중화 반응은 매우 빠르고 화학량론적으로 일어나기 때문에 중화 반응을 이용해서 수용액 속에 녹아 있는 산이나 염기의 농도를 알아낼 수 있다. 이런 실험을 산-염기 적정(acid-base titration)이라고 부른다. 예를 들어 염산이 들어있는 수용액에 수산화 나트륨 수용액을 조금씩 넣어주면 용액의 pH가 강한 산성에서 중성으로 변화하고, 수산화 나트륨을 더 넣어주면 용액이 강한 염기성을 띠게 된다. 용액 속의 염산을 완전히 중화시킬 만큼의 수산화 나트륨을 넣어준 상태를 **당량점**(equivalent point)이라고 하고, 이러한 당량 점에서는 농도와 부피 사이에 다음과 같은 식이 존재한다.

$$nMV = n'M'V'$$

$$\therefore NV = N'V'$$

여기서 N와 N'은 각각 산과 염기의 노르말 농도이고 $V$와 $V'$은 산과 염기 용액의 부피이다. 당량점 부근에서는 용액의 pH가 급격히 변화하게 되고, 이런 특성을 이용하면 당량점을 실험적으로 쉽게 알아낼 수 있다. 또한, 적정을 이용해서 산이나 염기의 농도를 알아내기 위해서는 농도를 정확하게 알고 있는 염기나 산 용액이 필요하다. 정확한 농도를 미리 알고 있는 용액을 **표준 용액(standard solution)**이라고 한다. 이러한 표준 용액으로 적정에 사용할 산이나 염기의 농도를 보정해줘야 실험적 오차를 줄일 수 있다.

## III. 실험 원리

시중에 판매되고 있는 식초의 주성분은 아세트산($CH_3COOH$)이다. 본 실험에서 시판되고 있는 식초에 포함되어 있는 아세트산의 %농도를 결정하려고 한다. 식초의 분석은 다음 산-염기 중화 반응에 근거하여 아세트산(약산)을 NaOH(강염기) 표준용액으로 적정함으로써 쉽게 이루어진다.

$$CH_3COOH(aq) + NaOH(aq) \rightarrow CH_3COONa(aq) + H_2O(l)$$

실제 적정실험에서 중화 반응이 완전히 이루어졌다고 판단되어 뷰렛의 콕을 닫는 지점을 **종말점(end point)**이라고 부른다. 이상적으로, 이론적인 당량점과 실험적인 종말점은 같아야 하지만 실험적 오차로 인해 정확히 일치하지 않을 수 있다.

용액을 적정하는 방법으로는 지시약을 사용하는 방법과 전극을 사용해 pH 변화를 연속적으로 확인할 수 있는 전위차 적정법등이 있다.

첫 번째 방법으로 지시약은 각각의 pH 범위에 따라서 변색하게 되는데, 적정하는 산과 염기의 종류에 따라서 적당한 지시약을 선택해야 불확실도를 줄일 수 있다. 예를 들어, 약산인 아세트산을 수산화 나트륨으로 적정할 경우에는 당량점 부근에서 pH의 변화가 작고 약염기성이기 때문에 변색범위가 pH 8-10에 해당하는 페놀프탈레인, 알리자린옐로우 등이 적당하다. 또한, 지시약은 그 자체가 약산이거나 약염기인 유기화합물이다. 그러므로 지시약을 지나치게 사용하게 되면 적정의 불확실도가 생기는 요인이 되므로 최소량을 사용해야 한다.

두 번째 적정 방법으로 pH meter를 사용하여 pH변화로 종말점을 찾는 방법이다. pH meter는 전극을 사용하여 전기적인 방법으로 pH를 측정하는 장치이다. pH meter의 원리는 용액 속에 담근 지시전극(indicator electrode)과 기준전극(reference electrode) 사이의 전위차 측정하여 용액의 pH를 결정하는 방법이다. 지시전극은 용액의 수소이온 농도에 따라 전극전위가 변하는 전극으로 수소전극, 퀸히드론전극, 안티몬전극, 유리전극 등이

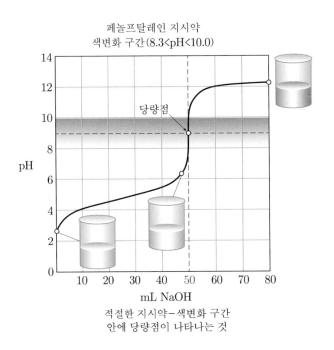

페놀프탈레인 지시약
색변화 구간(8.3<pH<10.0)

당량점

pH

mL NaOH

적절한 지시약–색변화 구간
안에 당량점이 나타나는 것

있으나 일반적으로 유리전극이 가장 널리 쓰이고 있다. 반면에 지시전극과 연결된 기준전극
은 포화칼로멜 전극(saturated calomel electrode)이 일반적으로 가장 많이 이용되고 있다.
이 전극의 전극전위는 용액의 pH에 관계없이 항상 일정한 값을 나타낸다. 적정 용액을
첨가한 후 그 다음 적정 용액이 방울로 가해지기 전에 pH가 안정화될 때까지 기다려야
한다. 종말점은 적정 곡선의 기울기($\Delta pH/\Delta V$)가 최대인 점을 구함으로써 계산된다.


## IV. 실험 기구 및 시약

1) **기구** : pH meter, 교반기, 교반자석, 부피플라스크, 100 mL 삼각플라스크, 10 mL
피펫, 피펫 펌프, 50 mL 뷰렛, 100 mL 비커, 스포이드, 스탠드, 뷰렛 클램프,
저울, 유산지, 약수저

2) **시약** : 1.00 $M$ sodium hydroxide (NaOH), 0.500 $M$ oxalic acid ($C_2H_2O_4$), 페놀프탈
레인 지시약, 식초, 완충용액 (pH 4.01, 7.00)

** 페놀프탈레인(Phenolphthalein)

| 화학종 | $H_2In$ | $In^{2-}$ | $In(OH)^{3-}$ |
|---|---|---|---|
| 구조 | | | |
| pH | 0-8.2 | 8.2-12.0 | > 13.0 |
| 색깔 | 무색 | 연홍색 | 무색 |

# V. 실험 방법

## A. NaOH 표준용액 제조

1) 0.500 $M$ 옥살산 수용액과 1.00 $M$ NaOH 용액을 제조한다.

2) 옥살산 수용액 50.0 mL를 뷰렛에 채우고, NaOH 용액 20.0 mL와 교반자석을 100 mL 삼각플라스크에 넣고 페놀프탈레인 용액 10방울을 떨어뜨린다.

3) 삼각플라스크를 뷰렛 아래에 놓고 콕을 열어 NaOH 용액에 옥살산 수용액을 떨어뜨리면서 교반시킨다. NaOH 용액의 연홍색이 사라지기 시작하면 옥살산 수용액을 한 방울씩 천천히 떨어뜨리면서 NaOH 용액의 색을 관찰한다.

4) NaOH 용액 안 페놀프탈레인 지시약의 색이 사라질 때(종말점), 뷰렛의 콕을 잠그고 첨가된 옥살산 표준용액의 양을 기록한다.

5) 2~4번 과정을 2회 더 반복한다.

6) 위의 적정 결과를 이용해서 표준용액으로 사용될 NaOH 용액의 정확한 농도를 결정한다.

## B. NaOH 표준 용액을 이용한 식용 식초의 적정(지시약 이용)

1) A에서 적정한 NaOH 표준용액 30.0 mL 이상을 뷰렛에 채운다.

2) 빈 삼각플라스크의 질량을 측정하고, 10.0 mL 식초를 피펫으로 정확히 취해 삼각플라

스크에 넣고 전체 질량을 측정하여 식초의 질량을 계산한다.

3) 여기에 40.0 mL의 증류수와 교반자석을 넣은 후 페놀프탈레인 용액 10 방울을 떨어뜨린다.

4) NaOH 표준용액으로 적정하여 종말점(연홍색을 띠는 지점)을 측정하고, 식초에 함유된 아세트산의 농도를 계산한다.

## C. NaOH 표준 용액을 이용한 식초의 적정(pH meter 이용)

1) A에서 적정한 NaOH 표준 용액을 30.0 mL 이상 뷰렛에 채운다.

2) 빈 비커의 질량을 측정하고, 10.0 mL 식초를 피펫으로 정확히 취해 비커에 넣고 전체 질량을 측정하여 식초의 질량을 계산한다.

3) 비커에 40.0 mL의 증류수와 교반자석을 넣고 pH meter의 유리 전극을 담근 후 교반한다.

4) B 과정에서 얻은 종말점의 결과를 고려하여 NaOH 표준 용액을 2.00 mL씩 일정하게 떨어뜨리면서 pH가 고정될 때까지 기다린 후, pH를 기록한다.

5) 종말점에 근접 할수록(20 mL 정도부터) NaOH 표준 용액을 0.20 mL씩 천천히 첨가해 준다.

6) 식초 용액을 pH = 12까지 측정하여 적정 곡선을 그리고, excel에서 적정 곡선을 미분하여 종말점을 찾은 후, 식초의 농도를 구한다.

## VI. 주의사항

• 적정을 하는 동안에 적절한 속도로 교반시켜 밖으로 용액이 튀지 않게 하고, 교반자석과 충돌하여 유리전극이 파손되지 않도록 주의한다.

• NaOH 용액을 조금씩 넣어주면서 지시약의 색변화를 관찰하고 지시약의 분홍색이 지속되는 시간이 길어지면 종말점에 가까이 온 것이므로 NaOH 용액의 넣어주는 양을 줄이면서 관찰한다.

• pH meter를 사용시 당량점 부근에서 곡선이 급격히 변하기 때문에 실험 A에서 구한 당량점 부근에서는 한 방울씩 천천히 떨어트리며 pH를 측정한다.

• 실험기구에 남아있는 NaOH는 유리를 부식시키므로 깨끗이 씻어준다.

| [학번] | [점수] |
|---|---|
| [이름] | |

# 1. 목적

# 2. 실험 기구 및 시약

**1) 기구** : pH meter, 교반기, 교반자석, 부피플라스크, 100 mL 삼각플라스크, 10 mL 피펫, 피펫 펌프, 50 mL 뷰렛, 100 mL 비커, 스포이드, 스탠드, 뷰렛 클램프, 저울, 유산지, 약수저

**2) 시약** : 1.00 $M$ sodium hydroxide (NaOH), 0.500 $M$ oxalic acid ($C_2H_2O_4$), 페놀프탈레인 지시약, 식초, 완충용액 (pH 4.01, 7.00)

| | |
|---|---|
| 1.00 $M$ NaOH 수용액 200 mL | NaOH (Mw = 39.9971 g/mol) _____ g |
| 0.500 $M$ oxalic acid 수용액 100 mL | oxalic acid (Mw = 90.03 g/mol) _____ g |

[계산과정]

# 3. 실험 방법

## 4. 주의사항

## 5. 실험결과표

### 실험 A. NaOH 표준 용액 제조

|  | 1회 | 2회 | 3회 |
|---|---|---|---|
| 사용된 0.500 *M* 옥살산 수용액의 부피(L) |  |  |  |

### 실험 B. NaOH 표준 용액을 이용한 식초의 적정

| 식초 10.0 mL + 증류수 40.0 mL + PP | 식초 10.0 mL의 질량(g) |  |
|---|---|---|
|  | 사용된 NaOH 수용액의 부피(L) |  |

### 실험 C. NaOH 표준 용액을 이용한 식초의 적정

| 식초 10.0 mL + 증류수 40.0 mL | 식초 10.0 mL의 질량(g) |  |
|---|---|---|

#### ■ 종말점 찾기

| NaOH 수용액의 부피(mL) | pH | NaOH 수용액의 부피(mL) | pH | NaOH 수용액의 부피(mL) | pH |
|---|---|---|---|---|---|
| 0 |  |  |  |  |  |
| 2 |  |  |  |  |  |
| 4 |  |  |  |  |  |
| 6 |  |  |  |  |  |
| 8 |  |  |  |  |  |
| 10 |  |  |  |  |  |
| 12 |  |  |  |  |  |
| 14 |  |  |  |  |  |
|  |  |  |  |  |  |
|  |  |  |  |  |  |
|  |  |  |  |  |  |
|  |  |  |  |  |  |

# 실험 5. 생활 속의 산-염기 분석 결과보고서

| 실험일 | 제출함 No. | 담당교수 | 점 수 |
|---|---|---|---|
|  |  |  |  |
| 학 과 | 학 번 | 이 름 |  |
|  |  |  |  |

# I. Abstract

## II. Data & Results

- 실험 A. NaOH 표준 용액 제조

|  | 1회 | 2회 | 3회 |
|---|---|---|---|
| 사용된 0.500 $M$ 옥살산 수용액의 부피(L) |  |  |  |
| ~1.0 $M$ NaOH 용액의 농도(mol/L) |  |  |  |
| NaOH 용액의 평균 농도(mol/L) |  |  |  |

- 실험 B. NaOH 표준 용액을 이용한 식초의 적정

| | | |
|---|---|---|
| 식초 10.0 mL<br>+ 증류수 40.0 mL + PP | 식초 10.0 mL의 질량(g) |  |
| | 사용된 NaOH 수용액의 부피(L) |  |
| | 사용된 NaOH 수용액의 몰수(mol) |  |
| | 식초에 포함된 아세트산의 몰수(mol) |  |
| | 아세트산의 질량(g) |  |
| | 식초에 포함된 아세트산의 농도(%) |  |

- 실험 C. NaOH 표준 용액을 이용한 식초의 적정

| | | |
|---|---|---|
| 식초 10.0 mL<br>+ 증류수 40.0 mL | 식초 10.0 mL의 질량(g) |  |
| | 종말점에서의 NaOH 수용액의 부피(L) |  |
| | 사용된 NaOH 수용액의 몰수(mol) |  |
| | 식초에 포함된 아세트산의 몰수(mol) |  |
| | 아세트산의 질량(g) |  |
| | 식초에 포함된 아세트산의 농도(%) |  |

| 1) [그래프 첨부] 적정 곡선 | 2) [그래프 첨부] 미분 곡선 → 종말점 |
|---|---|
|  |  |

# 6 분자 모형

## I. 실험 목적

- VSEPR 모형을 사용하여 미시적 존재인 분자의 구조를 예측하여 본다.
- 결정성 고체의 세가지 단위 세포와 이들에 대한 구조를 살펴본다.

## II. 실험 이론

모든 물질은 원자로 이루어져 있다. 눈으로 원자를 볼 수 있다면 물질의 구조를 쉽게 알 수 있을 것이다. 그러나 원자의 크기가 작기 때문에 우리는 원자로 이루어진 분자나 고체 물질의 내부 구조를 눈으로 볼 수 없다. 그런 이유로 분자나 결정의 구조를 가시화하는 방법으로 다양한 모형을 이용한다. 분자의 모양을 나타내는 방법에는 공-막대 모형, 공간-채움 모형, 전자-밀도 모형 등이 있다. 공-막대(ball and stick) 모형은 원자를 공으로, 막대를 화학 결합으로 나타내는 방식으로 결합 각도와 상대적 크기는 잘 나타내지만 거리는 과장되게 표현한다. 분자의 모양에 따라 분자의 물리적, 화학적 성질이 크게 달라지므로 분자의 모양을 이해하는 것은 분자의 성질을 이해하고 예측하는 데 매우 중요하다. 특히, 생체 분자의 미세한 구조 변화로 인하여 세포 활동에서 완전히 무용지물이 되거나, 정상 세포를 암세포로 변화하기도 한다.

분자의 Lewis 구조는 분자를 구성하는 원자들 사이에 원자가 전자(valence electron)가 배치되는 방식을 보여주는 도식으로, 원자들이 화학적 위치 에너지를 낮추기 위해(또는 더 안정된 상태로 되기 위해) 전자 구조를 재배치하게 되는데 이러한 재배치는 전자를 다른 원자들 사이에서 잃고 얻음으로써 또는 공유함으로써 이루어진다.

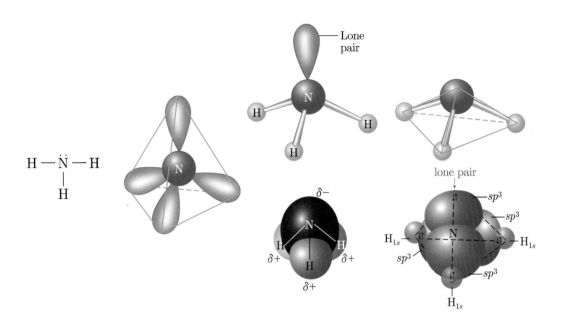

현재는 분자 안에서 원자들의 삼차원 배열을 의미하는 분자 구조(molecular structure)를 정확히 결정하는 여러 가지 방법들이 알려져 있다. 그 중 근사적인 분자 구조를 예측할 수 있는 간단한 모형을 살펴보기로 한다. **원자가 껍질 전자쌍 반발 모형(VSEPR; Valence shell electron pair repulsion model)**이라 부르는 이 모형은 비금속원자들로 형성된 분자들의 기하학적 구조를 예측하는데 편리하다. 이 모형의 주요 가설은 전자쌍들 사이의 반발을 최소화하는 방식으로 중심 원자 주위의 구조가 결정된다는 것이다. 여기에서 원자 주위의 결합 전자쌍과 비결합 전자쌍들은 가능한 한 서로 멀리 떨어져 위치할 것이라는 것이 중심 생각이다. 다시 말해 어떤 분자의 구조는 그 분자 전체의 위치 에너지가 최소가 되는 수준으로 결정되는데, 이 때 중심 원자의 최외각 껍질에 있는 전자쌍 간의 반발력이 위치 에너지에 영향을 준다.   고립 전자쌍은 결합 전자쌍보다 더 많은 공간이 필요하며, 결합 전자쌍 사이의 각을 감소시키는 경향이 있다. 즉, 중심 원자 주위의 전자쌍들의 반발력을 최소화

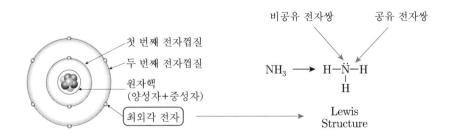

할 수 있는 배열을 찾는 것이 바로 VSEPR 모형의 주요 개념이다. 그 다음엔 전자쌍들이 어떻게 주변 원자와 공유되는 지를 판단하여 분자 구조를 결정할 수 있다.

표 6-1 반발력을 최소화하기위한 중심원자 주위의 전자쌍 배열

| 전자쌍의 수 | 전자쌍의 배열 | | 예 |
|---|---|---|---|
| 2 | Linear | | |
| 3 | Trigonal planar | | |
| 4 | Tetrahedral | | |
| 5 | Trigonal bipyramidal | | |
| 6 | Octahedral | | |

결합 전자에 대한 원자들의 친화력 차이는 전기음성도(electronegativity)라는 성질로 표현되는데, 전기음성도는 분자를 구성하는 원자들이 공유 전자들을 자기 쪽으로 끌어당기는 능력이다. 전기음성도 차이에 따라 결합의 유형이 결정되는데, 동일한 원자들인 경우(전기음성도 차이가 없음), 결합에 관여한 전자는 균등하게 공유되어 극성이 생기지 않는다. 전기음성도가 매우 다른 두 원자가 상호작용을 하게 되면 전자 이동이 일어나 이온성 물질을

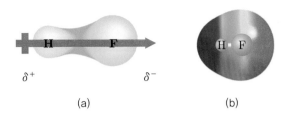

**그림 6-1** (a) HF 분자의 전하 분포, (b) HF 분자의 정전기 전위 분포

만드는 이온을 형성하게 된다. 전기음성도의 차이가 있지만 크지 않은 경우 불균등하게 전자를 공유하여 극성 공유 결합을 형성한다. 예를 들어, 플루오린화 수소(HF)가 전기장에 위치하면 분자들이 일정한 방향으로 배열된다. 이러한 현상은 양과 음으로 하전되 말단 부분을 가진 HF분자의 전하 분포에 기인한다. HF와 같이 양전하의 중심과 음전하의 중심이 일치하지 않는 분자를 쌍극자의 성질을 갖는다(dipolar)라고 하거나, 쌍극자 모멘트(dipole moment)를 가졌다고 한다. 분자의 쌍극자 성질은 양전하 중심에서 출발하여 음전하 중심을 향하는 화살표로 표현한다. 전하 분포를 나타내는 다른 방법은 정전기 전위 분포 그림에 의한 것이 있다. 이 방법은 색깔로 전하 분포의 차이를 표현한다. 분자 중 전자가 가장 풍부한 곳은 적색으로, 가장 빈약한 부분을 청색으로 나타낸다.

극성 결합을 갖는 모든 이원자 분자는 쌍극자 모멘트를 갖는다. 다원자 분자도 쌍극자 거동을 보일 수 있다. 예를 들어, 물 분자의 산소 원자는 수소 원자들보다 큰 전기음성도를 갖기 때문에 분자의 전하 분포는 아래 그림 6-2와 같다. 이런 전하 분포 때문에 물 분자는 전기장 안에서 두 개의 전하 중심(하나의 양전하 중심과 하나의 음전하 중심)을 갖는 것처럼 행동한다. 극성 결합으로 이루어지지만, 쌍극자 모멘트는 갖지 않는 분자들도 있다. 선형 분자인 $CO_2$ 분자가 그 예이다. 그림 6-3에서와 같이 서로 정반대 방향의 결합 쌍극자는 상쇄되어 이산화 탄소 분자는 전체적으로 쌍극자 모멘트를 보이지 않는다. 전기장에서 이 분자는 일정한 방향으로 배향하지 않는다.

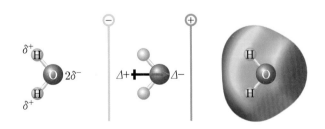

**그림 6-2** 물 분자의 전하 분포

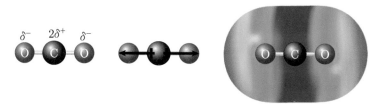

그림 6-3  이산화 탄소 분자의 전하 분포

고체를 분류하는 데에는 다양한 방법이 있지만, 가장 폭넓게 분류한다면 구성 성분들이 매우 규칙적인 배열을 하고 있는 결정성 고체(crystalline solid)와 구조가 상당히 무질서한 비결정성 고체(amorphous solid)로 나눌 수 있다.

결정성 고체의 결정의 내부 구조를 보면 입자들이 질서정연한 3차원 배열을 이루고 있음을 알 수 있다. 모든 입자들이 구 모양이라고 가정하고, 구의 중심(점)의 배열을 상상해보자. 구의 중심에 해당하는 점들은 결정 전체에 걸쳐 규칙적인 배열을 이루는데, 이 배열을 격자(lattice)라고 부른다. 아래 그림 6-4는 격자의 일부분을 보여준다. 이 격자에서 3차원으로 반복 배열하면 전체 결정을 이루는 최소 단위가 존재함을 알 수 있는데 이와 같이 결정의 최소 반복 단위를 단위 세포(unit cell)라고 부른다. 결정 내에서 한 입자와 인접하고 있는 입자의 수를 배위수(coordination number)라고 부르며, 같은 입자로 이루어진 결정의 경우, 배위수가 클수록 더 조밀한 배열이 된다.

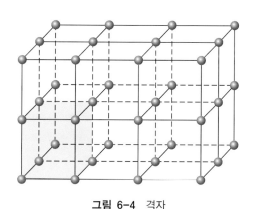

그림 6-4  격자

흔히 접하는 세 가지 단위 세포와 이들에 대한 격자를 그림 6-5에서 보여주고 있다. 각각의 확장된 구조는 일련의 반복되는 단위 세포들로 볼 수 있는데 이들이 고체의 안쪽에서 면을 공유하고 있다는 점을 주목해야 한다.

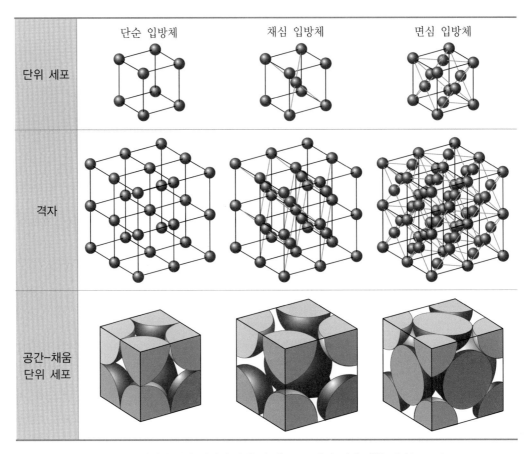

| | 단순 입방체 | 채심 입방체 | 면심 입방체 |
|---|---|---|---|
| 단위 세포 | | | |
| 격자 | | | |
| 공간-채움 단위 세포 | | | |

**그림 6-5** 세가지 입방 결정계 단위 세포(unit cell)와 이에 대한 격자(lattice),
공간 채움 단위 세포(space filling unit cell)

# IV. 실험 기구 및 시약

**1) 기구** : 분자 모형 키트, 격자 모형 스티로폼 공, 스카치 테이프
**2) 시약** : 없음.

# V. 실험 방법

## 실험 A. 분자 모형 만들기

1) 예비 보고서 결과표를 작성하여 온다.

2) 분자 모형 키트를 준비한다.

　　다양한 종류의 원자 구와 체결봉, 오비탈 등이 있으며 각각 용도에 맞게 구멍의 개수,

　　길이 등이 차이가 있다. (상자 내에 같이 보관되어 있는 표를 참고한다.)

3) 결과표에 있는 분자들의 모형을 만들어 확인한다.

4) 각 분자의 전자쌍 배열, 분자의 기하구조, 결합각, 극성에 대해 이해한다.

## 실험 B. 격자 모형 만들기

1) 예비 보고서 결과표를 작성하여 온다.

2) 구 형태의 스티로폼을 준비한다.

3) 테이프를 반대로 말아서 접착제로 사용하여 스티로폼 공을 붙인다.

4) 단순 입방, 체심 입방, 면심 입방 결정계 단위세포 모형을 만들어 확인한다.

## VI. 주의사항

- 분자 모형 키트의 수량과 배치도를 확인하여 분실이 없도록 주의한다.
- 치아를 사용하여 조작하지 않는다.

| 실험 6. 분자 모형 | [학번] | [점수] |
|---|---|---|
| | [이름] | |

## 1. 목적

## 2. 실험 기구 및 시약

   **1) 기구** : 분자 모형 키트, 격자 모형 스티로폼, 스카치테이프

   **2) 시약** : 없음

## 3. 실험 방법

## 4. 주의사항

## 5. 실험 결과표 (Pre-lab)

### 실험 A. 분자 모형 만들기

| 화학식 | 입체수 | 결합 전자쌍 | 고립 전자쌍 (중심원자) | 전자쌍 배열 | 분자의 기하 구조 | 결합각 |
|---|---|---|---|---|---|---|
| $BeH_2$ | | | | | | |
| $BH_3$ | | | | | | |
| $CH_4$ | | | | | | |
| $NH_3$ | | | | | | |
| $H_2O$ | | | | | | |
| $PCl_5$ | | | | | | |
| $SeF_6$ | | | | | | |
| $XeF_4$ | | | | | | |

| 화학식 | 이름 | 루이스 구조 | 화학식 | 이름 | 루이스 구조 |
|---|---|---|---|---|---|
| $C_2H_6$ | | | $CH_3OH$ | | |
| $C_2H_4$ | | | $CH_3COOH$ | | |
| $C_2H_2$ | | | $HCHO$ | | |
| $cis-C_2H_2Cl_2$ | | | $CH_3CN$ | | |
| $trans-C_2H_2Cl_2$ | | | $C_6H_6$ | | |
| $CO_2$ | | | $N_2$ | | |

## 실험 B. 격자 모형 만들기

| | 단순 입방 단위 세포 | 체심 입방 단위 세포 | 면심 입방 단위 세포 |
|---|---|---|---|
| 구조 | | | |

# 실험 6. 분자 모형 결과보고서

| 실험일 | 제출함 No. | 담당교수 | 점 수 |
|--------|-----------|---------|------|
|        |           |         |      |
| 학 과 | 학 번 | 이 름 | |
|        |       |       | |

## I. Abstract

## II. Data & Results

■ 실험 A. 분자 모형 만들기

| 화학식 | 입체수 | 전자쌍 배열 | 분자의 기하 구조 | 분자 모형 [사진 첨부] | 극성 여부 | 또 다른 예 |
|---|---|---|---|---|---|---|
| $BeH_2$ | | | | | | |
| $BH_3$ | | | | | | |
| $CH_4$ | | | | | | |
| $NH_3$ | | | | | | |
| $H_2O$ | | | | | | |
| $PCl_5$ | | | | | | |
| $SeF_6$ | | | | | | |
| $XeF_4$ | | | | | | |

## ■ 실험 A. 분자 모형 만들기

| 화학식 | 분자 모형<br>[사진 첨부] | 극성<br>여부 | 화학식 | 분자 모형<br>[사진 첨부] | 극성<br>여부 |
|---|---|---|---|---|---|
| $C_2H_6$ | | | $CH_3OH$ | | |
| $C_2H_4$ | | | $CH_3COOH$ | | |
| $C_2H_2$ | | | $HCHO$ | | |
| $cis-C_2H_2Cl_2$ | | | $CH_3CN$ | | |
| $trans-C_2H_2Cl_2$ | | | $C_6H_6$ | | |
| $CO_2$ | | | $N_2$ | | |

## ■ 실험 B. 격자 모형 만들기

| | 단순 입방<br>단위 세포 | 체심 입방<br>단위 세포 | 면심 입방<br>단위 세포 |
|---|---|---|---|
| 모형<br>[사진 첨부] | | | |
| 단위 세포 내에 있는<br>원자의 알짜 개수 | | | |

# 7 어는점 내림과 분자량

## I. 실험 목적

- 어는점 내림 현상을 이해하고, 이를 이용하여 용질의 분자량을 결정한다.
- Raoult의 법칙, 총괄성의 개념을 이해한다.

## II. 실험 이론

액체 용액은 순수한 용매와는 매우 다른 물리적 성질을 가진다. 이 사실은 실용적인 면에서 크게 중요하다. 예를 들면, 자동차 냉각기에 있는 물이 겨울에 얼거나 여름에 끓는 것을 방지하기 위하여 부동액을 넣거나, 도로의 얼음을 녹이기 위하여 소금을 뿌린다. 이런 방지 효과는 용매의 성질에 미치는 용질의 효과 때문이다.

순수 용매　　　　　비휘발성 용질이 든 용액

**그림 7-1** 순수 용매와 비휘발성 용질이 든 용액의 증기압

그림 7-1을 통하여 비휘발성 용질이 용매에 어떻게 영향을 미치는지 간단히 설명할 수 있다. 비휘발성 용질이 녹아 있으면 단위부피당 용매 분자의 수를 감소시킨다. 따라서 용액 표면에서의 용매의 분자수는 줄어들고, 이에 비례하여 용매가 증발하려는 경향도 줄어들 것이다. 예를 들면, 비휘발성 용질과 용매가 반씩 섞인 용액에서는 증발하려는 분자수가 반밖에 안되기 때문에 관찰된 증기압은 순수한 용매의 증기압의 절반일 것으로 예측할 수 있다. 실제로 이것은 관찰된 결과이기도 하다.

비휘발성 용질을 가지고 있는 용액의 증기압은 1888년 프랑스의 물리화학자 라울 (Raoult)에 의해 자세히 연구되었다. 그 결과는 **Raoult의 법칙(Raoult's law)**으로 알려진 다음 식으로 나타낼 수 있다.

$$P_{용액} = X_{용매} \, P^o_{용매}$$

여기에서, $P_{용액}$은 용액의 증기압이고, $X_{용매}$는 용매의 몰분율, $P^o_{용매}$는 순수한 용매의 증기압이다. Raoult의 법칙은 $y = mx + b$로 표시되는 일차식이며, $P_{용액}$을 $X_{용매}$에 대해 그래프를 그리면, 그림 7-2처럼 기울기가 $P^o_{용매}$인 직선이 얻어진다. 비휘발성 용질이 녹아 있는 몇 가지 용액에서 용매의 몰분율에 대한 용매의 증기압을 도시하면 거의 직선에 가깝다는 것을 실험을 통해 발견한 것이다. 이것은 용액 속 용매의 증기압은 용매의 몰분율에 비례하며, 또 비휘발성 용질을 가지고 있는 용액의 증기압 내림은 용질의 몰분율에 비례함을 의미한다.

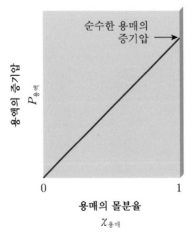

**그림 7-2** 순수 용매의 증기압

Raoult의 법칙에 따르는 액체–액체 용액을 이상 용액(ideal solution)이라 부르며 이러한 직선 관계에서 벗어나는 용액을 비이상 용액이라고 한다. 용액에 대한 Raoult의 법칙은 기체에 대한 이상 기체 법칙과 같다. 기체의 경우와 마찬가지로 용액이 이상적으로 행동하는 경우는 결코 없으며, 이상적인 상태에 접근하는 경우가 가끔 있을 뿐이다. 용질과 용질, 용매와 용매 그리고 용매와 용질 사이의 상호작용이 매우 유사할 때에 거의 이상적인 행동이 관찰된다. $P_{전체}$가 Raoult의 법칙에 의해 계산되는 것보다 큰 용액은 Raoult의 법칙에서 양의 편차를 보이고, 작은 용액은 Raoult의 법칙에서 음의 편차를 보인다. 분자 수준에서 보면 아세톤과 물로 이루어진 용액에서 용질과 용매 사이에는 수소결합을 하게 되어 큰 인력이 존재하게 된다. 이 경우 측정된 증기압은 Raoult의 법칙으로부터 음의 편차(낮은 증기압)가 생긴다.(그림 7-3(c)) 반대로 에탄올과 헥세인으로 만든 용액에서는 극성의 에탄올과 비극성의 헥세인 분자는 효과적으로 상호작용 할 수 없어 순수한 용매에서의 인력보다 약한 것을 나타낸다. 따라서 Raoult의 법칙으로부터 양의 편차(높은 증기압)가 생긴다.(그림 7-3(b)) 그러나 충분히 낮은 밀도에서 모든 실제 기체가 이상 기체의 법칙을 따르듯, 비이상 용액도 $X_{용매}$이 1에 접근함에 따라 Raoult의 법칙에 근접하게 행동한다. Raoult의 법칙은 총괄성(colligative property)이라 불리는 묽은 용액이 지닌 네 가지 특성의 근거가 된다.

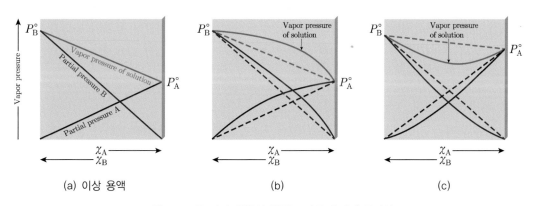

**그림 7-3** 두 가지 휘발성 액체로 만든 용액의 증기압

상태의 변화가 증기압에 의해 결정되므로 용질의 존재는 용매의 끓는점과 어는점에도 영향을 미친다. 어는점 내림, 끓는점 오름, 삼투압을 용액의 **총괄성(colligative property)**이라고 한다. 이것들은 이상 용액에 있는 용질의 종류에는 무관하고, 오로지 용매에 녹아

있는 용질의 입자수에 의해서만 결정되는 성질이다. 용질 입자의 개수에 정비례하기 때문에, 총괄성은 용질이 용매에 녹은 다음의 용질의 성질이나 물질의 몰질량을 결정하는데 매우 유용하다.

### 1) 증기압 내림

비휘발성 용질을 녹인 용액의 증기압이 용매의 증기압보다 낮아지는 현상이다. 이성분 용액에서 $X_1 + X_2 = 1$이므로 Raoult의 법칙을 다시 쓰면

$$\Delta P = P - P_1^o = X_1 P_1^o - P_1^o = -X_2 P_1^o$$

따라서 용매의 증기압 변화는 용질의 몰분율에 비례한다. 음의 부호는 증기압 내림(vapor pressure lowering)을 말한다. 순수한 용매의 증기압 보다는 묽은 용액의 증기압이 항상 낮다는 것을 의미한다.

### 2) 끓는점 오름과 어는점 내림

순수한 액체나 용액의 정상 끓는점은 증기압이 1기압에 도달하는 온도이다. 용액에 녹아 있는 용질은 용액의 증기압을 내리기 때문에 용액을 끓이기 위해서 보다 순수한 용매일 때 보다 높은 온도가 필요하다. 이를 끓는점 오름(boiling-point elevation)이라 한다. 또한, 용액의 어는점이 순수한 물의 어는점에 비하여 낮다. 비휘발성 용질의 농도가 증가할 수록 고체 증기압은 감소한다. 이런 용액의 증기압이 1기압이 되기 위해서는 순수한 고체의 어는점보다 더 낮아지게 된다. 이를 어는점 내림(freezing-point depression)이라 하며, 그 크기는 용질의 농도에 비례한다.

순수 용매는 정상 어는점에서 규칙적인 구조를 갖는데, 용질이 존재하면 본래의 순수한 용매보다 더 무질서하게 되므로 이를 좀 더 정돈된 형태로 바꾸어주기 위해서는 온도가 더욱 낮아져야 한다는 것이다. 결과적으로 비휘발성 용질은 액체상으로 존재하는 범위를 넓히는 효과를 나타낸다. Raoult의 법칙으로부터 비휘발성인 용질이 녹아있는 묽은 용액의 끓는점 오름($\Delta T_b$)이나 어는점 내림($\Delta T_f$)은 몰랄 농도(m)에 비례한다.

$\Delta T_b = K_b m$ ($\Delta T_b$: 끓는점 오름 상수, $K_b$: 몰랄 오름 상수, $m$: 몰랄 농도)

$\Delta T_f = K_f m$ ($\Delta T_f$: 어는점 내림 상수, $K_f$: 몰랄 내림 상수, $m$: 몰랄 농도)

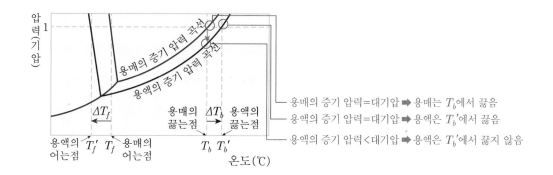

이 식을 통해 몰질량이 알려진 용질에 의한 끓는점 오름을 예측하거나, 끓는점 오름을 측정하여 몰질량을 측정할 수 있다. 몰랄 오름 상수($K_b$)와 몰랄 내림 상수($K_f$)의 값은 용질의 종류에 관계없이 용매에 따라 일정한 값을 가진다.

### 3) 삼투압

물처럼 작은 분자들은 통과시키고 단백질과 탄수화물 같은 큰 분자들은 통과시키지 않는 반투막(semipermeable membrane)을 사이에 놓고 순수한 용매와 용액을 분리시켰을 때 농도 차이에 의해 순수한 용매가 용액 속으로 이동해 가게 되는데, 이를 삼투현상이라 한다. 이렇게 되면 용액의 부피는 증가하고, 관 안의 용액의 높이는 올라가게 된다. 결국에는 순수한 용매보다는 용액이 더 큰 수압을 받게 된다. 이 압력을 삼투압(osmotic pressure)이라 한다. 삼투현상은 용액에 외부 압력을 가함으로써 용매의 정상적인 흐름을 막을 수 있다. 삼투현상을 막기 위한 최소 압력은 용액의 삼투압과 일치한다.

삼투압은 다른 총괄성과 마찬가지로 용액의 특성이나 몰질량을 결정하기 위하여 사용할 수 있다. 그러나 적은 농도의 용질로 비교적 큰 삼투압을 얻을 수 있어 다른 총괄성 보다 더 유용하다.

실험에 의하면 용액의 농도와 삼투압의 관계는 다음 식과 같다.

$$\Pi = MRT$$

여기서, $\Pi$는 삼투압을 atm 단위로 나타낸 것이고, $M$은 용액의 몰농도, $R$은 기체 상수, $T$는 Kelvin온도이다.

# III. 실험 원리

## 1. 어는점 측정

녹는점은 고체와 액체가 평형을 이루게 되는 온도로서 순수한 물질의 녹는점은 일정하나 혼합물의 녹는점은 조성에 따라 다르다. 일반적으로 혼합물의 녹는점은 순수한 물질의 녹는점보다 낮다.

순수한 화합물의 **녹는점**(melting point)이나 **어는점**(freezing point)은 고체가 액체 상태와 평형에 있을 때의 온도로 정의하는데, 고체를 가열하여 이런 평형 조건에 도달하면 녹는점이라고 하고 액체를 냉각시켜 이런 조건에 도달하면 어는점이라 한다. 액체가 고체로 될 때 방출되는 열이 상태변화에 사용되기 때문에 온도가 일정하게 유지되는 것이다.

혼합물은 어는점 내림 현상에 의해 순수한 물질의 어는점보다 낮다. 묽은 용액이 얼 때, 먼저 고체화되기 시작하는 것이 용매이고, 용질은 더욱 농도가 진한 용액에 남겨진다. 용액 내의 용매 분자들은 용질 입자들 때문에 순수한 용매 내에서보다 상대적으로 멀리 떨어져있기 때문에 온도가 더 낮아져야만 분자들 사이 인력이 더 커지게 된다.

## 2. 어는점 내림을 이용한 분자량 측정

어떤 용매 $W$ g에 비전해질 용질 $w$ g이 녹아 있는 용액에서의 용질의 분자량 $M$은 다음과 같이 구할 수 있다.

$$\Delta T_f = K_f m = K_f \times \frac{\dfrac{w}{M}}{\dfrac{W}{1000}}$$

$$\therefore \; M = \frac{1000 \times w \times K_f}{\Delta T_f \times W}$$

# IV. 실험 기구 및 시약

1) **기구** : 시험관, 교반 자석, 실리콘 마개, 온도계, 가열 교반기, 초시계, 500 mL 비커,

파라필름, 저울, 유산지, 약수저

**2) 시약** : lauric acid ($C_{11}H_{23}COOH$, $K_f$ of lauric acid : 3.9 kg · ℃/mol, mp 43.8℃, Mw = 200.32 g/mol), benzoic acid ($C_6H_5COOH$, Mw = 122.12 g/mol), methylene chloride ($CH_2Cl_2$)


# V. 실험 방법

1) 비커에 물을 받아 70℃ 이상으로 가열한다.

2) 시험관에 lauric acid 8.00 g과 교반 자석을 넣고, 온도계가 끼워진 실리콘마개로 막은 후 파라필름으로 감싸준다. 이 때 시험관 내의 온도계의 범위를 최소 50℃까지 관찰할 수 있게 조절한다.

3) 70℃ 이상의 물에 넣어 중탕하여 lauric acid를 완전히 녹인다. 이 때 시험관은 물 중탕 비커 바닥으로부터 2 cm 정도 떨어지게 하고 온도계의 알코올구는 교반 자석으로 부터 2~3 mm 정도 떨어지게 한다. 시험관 기벽에 남아있는 것까지 모두 녹인다.

4) 시험관을 물 중탕 비커에서 꺼내어 클램프로 고정시킨다. 천천히 교반하면서 냉각시킨다. 약 50℃부터 30초마다 온도 변화를 기록한다. 온도의 변화가 거의 없을 때까지(대략 40℃) 온도를 기록한다.

5) 앞서 사용한 시험관을 물중탕하여 녹이고, 시험관의 뚜껑을 조심스럽게 열어 1.00 g의 benzoic acid 를 첨가한다. 그 후 온도계가 끼워진 고무마개로 막은 후 파라필름으로 감싸준다.

6) 70℃ 이상의 물 중탕 비커에 넣어 혼합물을 완전히 녹인다. 시험관 기벽에 남아있는 것까지 모두 녹인다.

7) 시험관을 물 중탕 비커에서 꺼내어 클램프로 고정시킨다. 천천히 교반하면서 냉각시킨다. 약 50℃부터 30초마다 온도 변화를 기록한다. 온도의 변화가 거의 없을 때까지(대략 35℃) 온도를 기록한다.

8) 순수한 lauric acid의 어는점을 그래프로부터 구한다.

9) Benzoic acid-lauric acid 용액의 어는점을 그래프에서 기울기의 교점을 이용하여 구하고, 어는점 내림상수를 이용하여 benzoic acid의 분자량을 결정한다. (**※ 이론값과의 비교를 위해 benzoic acid의 분자량(실험값)은 유효숫자를 5자리로 처리한다.**)

# VI. 주의사항

- 교반자석이 온도계에 닿지 않도록 주의하고, 사용 후 교반 자석을 절대 폐수통에 버리지 않는다.
- 실험이 끝나면 시험관을 물중탕에 넣어 lauric acid을 녹이고, 완전히 녹은 lauric acid은 지정된 폐수통에 버리도록 한다.
- 시험관 벽에 묻어 있는 여분의 lauric acid 고체는 소량의 Methylene chloride를 이용하여 깨끗하게 닦아 지정된 폐수통에 버린다.
- Hot plate의 온도는 200℃에 맞추어 실제 물중탕 온도가 90℃ 정도로 유지되게 한다. 온도를 너무 높게 올리지 않도록 주의한다.
- Methylene chloride는 꼭 할로겐 폐수통에만 버려 처리하도록 한다! (절대 개수대에 버리지 말 것)

| 실험 7. 어느점 내림과 분자량 | [학번] | [점수] |
| | [이름] | |

## 1. 목적

## 2. 실험 기구 및 시약

**1) 기구** : 시험관, 교반 자석, 실리콘 마개, 온도계, 가열 교반기, 초시계, 500 mL 비커, 파라필름, 저울, 유산지, 약수저

**2) 시약** : lauric acid ($C_{11}H_{23}COOH$, $K_f$ of lauric acid $= 3.9$ kg · ℃/mol, mp 43.8℃, Mw $= 200.32$ g/mol), benzoic acid ($C_6H_5COOH$, Mw $= 122.12$ g/mol), methylene chloride ($CH_2Cl_2$)

## 3. 실험 방법

## 4. 주의사항

## 5. 실험결과표

실험 A. 순수한 lauric acid (사용한 lauric acid의 질량 : _____ g)

| 시간(s) | 온도(℃) | 시간(s) | 온도(℃) | 시간(s) | 온도(℃) |
|---|---|---|---|---|---|
| 0 | | 330 | | 660 | |
| 30 | | 360 | | 690 | |
| 60 | | 390 | | 720 | |
| 90 | | 420 | | 750 | |
| 120 | | 450 | | 780 | |
| 150 | | 480 | | 810 | |
| 180 | | 510 | | 840 | |
| 210 | | 540 | | 870 | |
| 240 | | 570 | | 900 | |
| 270 | | 600 | | 930 | |
| 300 | | 630 | | 960 | |

실험 B. benzoic acid–lauric acid mixture

　　　(사용한 benzoic acid의 질량 : _____ g)

| 시간(s) | 온도(℃) | 시간(s) | 온도(℃) | 시간(s) | 온도(℃) |
|---|---|---|---|---|---|
| 0 | | 330 | | 660 | |
| 30 | | 360 | | 690 | |
| 60 | | 390 | | 720 | |
| 90 | | 420 | | 750 | |
| 120 | | 450 | | 780 | |
| 150 | | 480 | | 810 | |
| 180 | | 510 | | 840 | |
| 210 | | 540 | | 870 | |
| 240 | | 570 | | 900 | |
| 270 | | 600 | | 930 | |
| 300 | | 630 | | 960 | |

# 실험 7. 어느점 내림과 분자량 결과보고서

| 실험일 | 제출함 No. | 담당교수 | 점 수 |
|---|---|---|---|
| | | | |
| 학 과 | 학 번 | 이 름 | |
| | | | |

## I. Abstract

## II. Data

### ■ 실험 A. 순수한 lauric acid

| 시간 (s) | 온도 (℃) | 시간 (s) | 온도 (℃) | 시간 (s) | 온도 (℃) | 시간 (s) | 온도 (℃) | 실험 A [그래프 첨부] |
|---|---|---|---|---|---|---|---|---|
| 0 | | 240 | | 480 | | 720 | | |
| 30 | | 270 | | 510 | | 750 | | |
| 60 | | 300 | | 540 | | 780 | | |
| 90 | | 330 | | 570 | | 810 | | |
| 120 | | 360 | | 600 | | 840 | | |
| 150 | | 390 | | 630 | | 870 | | |
| 180 | | 420 | | 660 | | 900 | | |
| 210 | | 450 | | 690 | | 930 | | |

### ■ 실험 B. benzoic acid - lauric acid mixture

| 시간 (s) | 온도 (℃) | 시간 (s) | 온도 (℃) | 시간 (s) | 온도 (℃) | 시간 (s) | 온도 (℃) | 실험 B [그래프 첨부] |
|---|---|---|---|---|---|---|---|---|
| 0 | | 240 | | 480 | | 720 | | |
| 30 | | 270 | | 510 | | 750 | | |
| 60 | | 300 | | 540 | | 780 | | |
| 90 | | 330 | | 570 | | 810 | | |
| 120 | | 360 | | 600 | | 840 | | |
| 150 | | 390 | | 630 | | 870 | | |
| 180 | | 420 | | 660 | | 900 | | |
| 210 | | 450 | | 690 | | 930 | | |

## III. Results

■ Benzoic acid의 분자량 결정 ($K_f$ of lauric acid : 3.9 kg · ℃/mol)

| | | |
|---|---|---|
| 사용한 lauric acid의 질량 | | g |
| 사용한 benzoic acid의 질량 | | g |
| 순수한 lauric acid의 어는점 | | ℃ |
| benzoic acid-lauric acid 용액의 어는점 | | ℃ |
| 어는점 내림($\triangle$T) | | ℃ |
| molality (m) | | mol/kg |
| benzoic acid의 몰수 | | mol |
| benzoic acid의 분자량(experimental) | | g/mol |
| benzoic acid의 분자량(accepted) | | 122.12 g/mol |
| 오차율 | | % |

# 8 에탄올 분석

## I. 실험 목적

• 크로뮴산(VI)이 알코올에 의하여 크로뮴(III)으로 환원되는 반응을 이용해서 생활 속 알코올의 농도를 정량 해본다.

## II. 실험 이론

탄소가 포함된 화합물과 그 성질을 연구하는 학문을 유기화학이라고 한다. 원래 무기 물질과 유기 물질의 구별은 관심의 대상인 화합물이 생체에서 생성되었는지 여부에 따라 정해졌다. 예를 들어, 19세기 초까지 사람들은 유기 물질은 어떤 종류의 "생명의 기"를 가지고 있기 때문에 오직 생물체에서만 합성될 수 있다고 믿었었다. 그러나 이러한 관점은 1828년 독일의 화학자가 무기염인 사이안산 암모늄($NH_4OCN$)을 단순히 가열하여 요소 (urea)를 합성함으로써 틀린 것이 되었다. 요소는 오줌의 주성분으로 유기 물질임이 확실하다. 그러나 이 화합물은 생명체에서뿐 아니라 실험실에서도 합성할 수 있음이 확인된 것이다.

유기 화학은 생체계를 이해하는데 매우 중요한 역할을 한다. 그 이상으로 현대 생활의 필수품인 합성 섬유, 플라스틱, 인공 감미료, 의약품 등도 공업 유기 화학의 산물이다. 또한 현대 문명이 의존하고 있는 중요 동력인 에너지도 석탄 및 석유에 들어 있는 유기 물질에 기반을 두고 있다.

이처럼 유기 화학은 매우 방대한 학문이다. 그래서 여기서는 가장 간단한 유기 물질 중 실생활에서 많이 접하는 알코올에 대하여 알아보고자 한다.

표 8-1 몇 가지 흔히 볼 수 있는 알코올들

| 화학식 | 체계명 | 관용명 |
|---|---|---|
| $CH_3OH$ | 메탄올 (Methanol) | 메틸 알코올 (Methyl alcohol) |
| $CH_3CH_2OH$ | 에탄올 (Ethanol) | 에틸 알코올 (Ethyl alcohol) |
| $CH_3CH_2CH_2OH$ | 1-프로판올 (1-Propanol) | $n$-프로필 알코올 (n-Propyl alcohol) |
| $CH_3CHCH_3$<br>\|<br>OH | 2-프로판올 (2-Propanol) | 아이소프로필 알코올 (Isopropyl alcohol) |

알코올(alcohol)은 하이드록시기(–OH)를 가지고 있는 것이 특징이다. 몇 가지 흔한 알코올을 표 8-1에 나타내었다. 알코올에 대한 체계적인 명명은 모체 알케인의 어미 *-e*를 *-ol*로 바꾸면 된다. –OH기의 위치는 그 치환기가 위치한 탄소 위치를 지정하는 번호 중 가능한 작은 수가 되도록 정한다. 또한 알코올은 –OH기가 결합되어 있는 탄소에 결합된 탄화수소 치환기 수에 따라서도 분류한다. 여기에서 R, R′, R″은 탄화수수 치환기(알킬 기)이며, 이들은 같을 수도 있고 다를 수도 있다.

$$R—CH_2OH \qquad \begin{matrix} R \\ \diagup \\ R' \end{matrix}CHOH \qquad \begin{matrix} R \\ | \\ R'—COH \\ | \\ R'' \end{matrix}$$

*Primary* alcohol (one R group)　　*Secondary* alcohol (two R groups)　　*Tertiary* alcohol (three R groups)

일반적으로 알코올은 몰질량에서 예측되는 끓는점보다 훨씬 높은 온도에서 끓는다. 예를 들면, 메탄올(methanol, $CH_3OH$)과 에테인(ethane, $C_2H_6$)은 몰질량이 둘 다 30이다. 그러나 메탄올의 끓는점은 65℃이며, 에테인은 –89℃이다. 이 차이는 액체 상태에서 작용하는 분자 간 인력의 종류를 비교하면 쉽게 이해할 수 있다. 에테인 분자는 비극성이며, 아주 약한 London 분산력을 가진다. 그러나 메탈올의 극성 –OH기는 물에서처럼 광범위한 수소 결합을 형성하여 상대적으로 높은 끓는점을 갖게 된다.

많은 중요한 알코올들이 있지만 그 중에서 가장 간단한 구조의 메탄올과 에탄올은 매우 큰 상업적 가치를 지닌다. 한때 공기를 차단한 상태에서 나무를 가열함으로써 얻어졌기에, 목정(wood alcohol)이라고도 알려진 메탄올은 지금은 공업적으로 일산화 탄소를 수소화 반응시켜 얻는다. 메탄올은 아세트산 및 여러 종류의 접착제, 섬유 및 플라스틱을 합성하는

데 출발 물질로 사용되며, 자동차 연료로도 이용되고 있다. 메탄올은 시신경 계통에 특이한 독성 효과를 가지고 있고, 많은 양을 마셨을 때에는 시력을 잃게 된다. 체내에 빠르게 흡수되면 먼저 폼알데하이드(formaldehyde)를 거쳐 폼산(formic acid)으로 산화된 다음 오줌으로 배설된다. 이 반응은 느리게 일어나므로 메탄올에 일상적으로 노출되면 인체에 축적되어 극도로 위험하게 된다. 시신경계에 미치는 독성 효과는 산화 생성물에 의해 야기되는 것으로 추정되고 있다.

에탄올은 맥주, 포도주 및 위스키 등의 음료에 들어 있는 알코올로 옥수수, 보리, 포도 등에 있는 글루코오스(glucose, $C_6H_{12}O_6$)를 발효시켜 얻는다.

$$C_6H_{12}O_6 \xrightarrow{\text{효모}} 2CH_3CH_2OH + 2CO_2$$
글루코오스                에탄올

이 반응은 이스트에 들어 있는 효소에 의해 촉진된다. 이 촉매 작용은 알코올의 양이 13%가 될 때 진행된다. 이 농도 이상에서는 이스트가 살아남지 못한다. 그 이상의 알코올을 얻으려면 발효 혼합물을 증류해야 한다.

메탄올처럼 에탄올도 자동차의 내연기관의 연료로 사용할 수 있다. 오늘날에는 에탄올을 휘발유와 섞어 가소홀(gasohol)을 만들어 사용하고 있다. 공업적으로는 주로 용매로 사용되며, 아세트산의 합성에도 이용된다. 화학 공업에서 에탄올의 가장 흔한 제법은 다음과 같이 에틸렌과 물을 반응시키는 것이다.

$$CH_2=CH_2 + H_2O \xrightarrow[\text{촉매}]{\text{산}} CH_3CH_2OH$$

많은 다가 알코올(두 개 이상의 -OH기를 포함)이 알려져 있으며, 그 중에서 잘 알려진 것은 1,2-에테인다이올(1,2-ethanediol, 에틸렌 글라이콜)이다. 이것은 자동차 부동액의 주성분이며, 유독성 물질이다.

-OH기가 붙어있는 가장 간단한 방향족 알코올을 페놀(phenol)이라 부른다. 이 물질은 보통의 알코올과 비슷하게 보이지만 실제 물성은 알코올과 매우 다르다. 미국에서 연간 백만 톤이 생산되어 대부분 접착제나 플라스틱 등과 같은 고분자 물질의 합성에 사용된다.

알코올은 산화시켜 공업적으로 알데히드와 케톤을 생성하기도 한다. 예를 들어, 일차(primary) 알코올을 산화시키면 알데히드(aldehyde)가 생성되고, 더 센 산화제로 산화시키면 카복실산(carboxylic acid)이 생성된다. 이차(secondary) 알코올은 산화시키면 케톤(ketone)이 생성된다.

## III. 실험 원리

시료의 흡광도를 이용하는 분광분석에서는 원하는 화합물만이 선택적으로 흡수하는 빛의 파장을 이용해야 한다. 이 실험에서는 알코올이나 크로뮴산은 흡수하지 않고 환원된 크로뮴만이 흡수하는 빛의 파장을 선택한다. 아래 반응과 같이 에탄올과 같은 알코올은 무수크롬(chromium trioxide, $CrO_3$)에 의해서 쉽게 산화되어 카복실산이 되면서 환원 상태의 크로뮴(III)이 생성된다.

$$3CH_3CH_2OH + 4CrO_3 \rightarrow 3CH_3COOH + 3H_2O + 2Cr_2O_3$$
일차 알코올　　　Cr(VI)　　　카복실산　　　　　Cr(III)

실제 수용액에서의 $CrO_3$(VI)는 크로뮴산($H_2CrO_4$)의 형태로 존재한다. 따라서 이를 고려한 실제 반응식은 아래와 같다.

$$3CH_3CH_2OH + 4H_2CrO_4 \rightarrow 3CH_3COOH + 7H_2O + 2Cr_2O_3$$
일차 알코올　　　Cr(VI)　　　카복실산　　　　　Cr(III)

그림 8-1을 보면 산화 크로뮴(Cr(VI)) 용액은 파장이 550 nm 보다 짧은 빛을 많이 흡수하지만 파장이 580 nm 보다 긴 파장을 흡수하지 않는다는 사실을 알 수 있다. 이와는 달리 알코올과 반응하여 환원된 경우(Cr(III))에는 580 nm 부근의 빛을 상당히 잘 흡수하는 것을 알 수 있다.

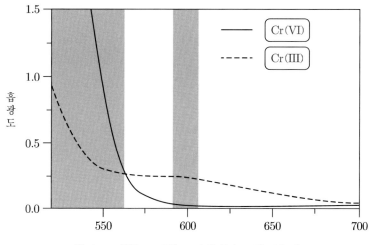

**그림 8-1** 산화 크로뮴(III, VI)의 흡수 스펙트럼 비교

탁한 청록색을 내는 환원 상태의 크로뮴(III)이 혼합된 용액의 흡광도는 Beer의 법칙을 따르기 때문에 용액 속에 들어 있는 크로뮴(III)의 농도는 흡광도를 측정해서 알아 낼 수 있으며, 크로뮴의 양으로부터 용액에 들어 있던 알코올의 농도도 계산 할 수 있다. 하지만 분광분석법에는 한계가 존재한다. 가령, 흡수 화학종의 농도가 일정한 경우, 흡광도 A와 광로 b사이의 직선관계는 특별한 경우를 제외하고 항상 성립한다. 이와는 반대로 b가 일정할 때 측정한 흡광도와 농도가 항상 직선관계를 유지하는 것은 아니다. Beer 법칙은 농도가 묽은 용액에서만 성립하고, 농도가 진해져서(0.01 $M$보다 진한경우) 흡수 화학종 사이의 평균 거리가 가까워져 서로의 전자 분포 상태에 영향을 주게 되면 일정한 파장의 빛에 대한 흡수가 감소한다. 화학종 간의 상호 작용은 농도에 따라 다르고, 따라서 이 현상은 흡광도와 농도 사이의 직선관계에 편차를 주게 되므로 측정 농도에 한계가 있다고 할 수 있다. 그러므로 흡광도를 측정할 때에는 묽은 용액으로 만들어서 측정해야 한다.

## IV. 실험 기구 및 시약

**1) 기구** : 감압 여과 장치(아스피레이터, 250 mL 조인트 감압 플라스크, glass filter funnel), 100 mL 부피 플라스크, 비커, 50 mL 삼각 플라스크, 시험관, 피펫, 피펫 펌프, UV-Vis 분광광도계, cuvette, 저울, 유산지, 약수저, 교반기, 교반 자석

**2) 시약** : chromium trioxide (CrO₃), 증류수, 에탄올(94.5%), celite, 막걸리, 소주
1, 소주 2

# V. 실험 방법

## 실험 A. Beer-Lambert's Law 곡선 (검정 곡선)

1) 100 mL 부피 플라스크에 2.0%, 6.0%, 10.0%, 14.0%, 18.0%, 22.0% (% v/v)의 에탄올 수용액을 제조한다. 〈주의 사항 : 실험에 사용하는 에탄올의 purity를 확인한다.〉

2) 각 에탄올 수용액을 1.00 mL를 취해서 50 mL 삼각 플라스크에 옮긴다.

3) 각각의 삼각 플라스크에 1.0 $M$ 크로뮴산 수용액 10.0 mL을 넣고 15분 간 교반한다. (색 변화를 관찰한다.)

4) 피펫으로 삼각 플라스크의 용액 0.50 mL를 덜어 깨끗한 시험관에 넣고 9.50 mL의 증류수로 묽힌다. (* 취하고자 하는 부피가 1 mL 이하는 1 mL 피펫을, 10 mL 이하는 10 mL 피펫을 사용하도록 한다.)

5) 분광계를 이용해서 580 nm에서의 흡광도를 측정한다. 먼저 1.0 $M$ 크로뮴산 0.50 mL을 10.00 mL로 묽혀 바탕 용액으로 사용한다. (blank)

6) UV-Vis 분광광도계 설정 (UV-Vis 분광광도계의 사용법은 부록 A참고)

→ Spectrum Mode

> 셀타입 : Multi Cell, 1; 2; 3; 4; 5; 6;
> 시작 파장 : 500 nm
> 종료 파장 : 800 nm
> 간격 : 10 nm

## 실험 B. 알코올의 정량

1) 감압 여과 장치를 준비한다.

2) Glass filter funnel에 celite를 반 정도 채우고 대략 30 mL의 막걸리를 취해서 감압

여과한다. (침전물 분리 과정)

3) 세 종류의 알코올 용액(소주1, 소주2, 막걸리) 각 1.00 mL을 취해서 50 mL 삼각 플라스크에 옮긴다.

4) 각각의 삼각 플라스크에 1.0 $M$ 크로뮴산 수용액 10.00 mL을 넣고 15분간 교반한다.

5) 피펫으로 삼각 플라스크의 용액 0.50 mL을 덜어 깨끗한 시험관에 넣고 9.50 mL의 증류수로 묽힌다.

6) 분광계를 이용해서 580 nm에서의 흡광도를 측정한다. (앞과 동일하게 바탕 용액 설정)

# VI. 주의사항

- 1.0 $M$ 크로뮴산 제조시, 비커에서 녹인 후 부피플라스크로 옮긴다.
- 사용 후 용액은 중금속 폐수통에 버린다.
- Glass filter funnel이 깨지지 않도록 주의한다.
- 감압 여과 후 celite는 특정 폐기물 쓰레기통에 버리고, glass filter funnel은 물과 에탄올로 감압 여과 세척한다.

| 실험 8. 에탄올 분석 | [학번] | [점수] |
| --- | --- | --- |
| | [이름] | |

## 1. 목적

## 2. 실험 기구 및 시약

**1) 기구** : 감압 여과 장치(아스피레이터, 250 mL 조인트 감압 플라스크, glass filter funnel), 비커, 100 mL 부피 플라스크, 50 mL 삼각 플라스크, 시험관, 피펫, 피펫 펌프, 교반기, 교반자석, UV-Vis 분광광도계, 저울, 유산지, 약수저

**2) 시약** : chromium trioxide ($CrO_3$), 증류수, 에탄올(94.5%), celite, 막걸리, 소주 1, 소주 2

| 1.0 $M$ $CrO_3$수용액 100 mL | $CrO_3$ (Mw = 99.99 g/mol) _____ g |
| --- | --- |
| 2.0%, 6.0%, 10.0%, 14.0%, 18.0%, 22.0% (v/v) EtOH 각 100 mL | EtOH (94.5%) _____ mL, _____ mL, _____ mL, _____ mL, _____ mL, _____ mL, |

[계산과정]

# 3. 실험 방법

## 4. 주의사항

## 5. 실험결과표

### 실험 B. 알코올의 정량

■ Beer-Lambert's Law 곡선

|  | 흡광도 ($A_{580 \ nm}$) |
|---|---|
| 2.0% EtOH | |
| 6.0% EtOH | |
| 10.0% EtOH | |
| 14.0% EtOH | |
| 18.0% EtOH | |
| 22.0% EtOH | |

■ 알코올의 정량

| 알코올의 종류 | 흡광도 ($A_{580 \ nm}$) |
|---|---|
| 막걸리 | |
| 소주 1 | |
| 소주 2 | |

# 실험 8. 에탄올 분석 결과보고서

| 실험일 | 제출함 No. | 담당교수 | 점 수 |
|---|---|---|---|
|  |  |  |  |
| 학 과 | 학 번 | 이 름 | |
|  |  |  | |

## I. Abstract

## II. Data

■ 알코올의 정량

| | 흡광도 (A$_{580 nm}$) | 알코올의 종류 | 흡광도 (A$_{580 nm}$) |
|---|---|---|---|
| 2.0% EtOH | | 막걸리 | |
| 6.0% EtOH | | 소주 1 | |
| 10.0% EtOH | | 소주 2 | |
| 14.0% EtOH | | | |
| 18.0% EtOH | | | |
| 22.0% EtOH | | | |

## III. Results

■ 알코올의 정량

| [그래프 첨부] 흡광도 그래프 | [그래프 첨부] 검정 곡선 |
|---|---|
| | |

| [그래프 첨부] 흡광도 그래프 | 알코올의 종류 | 알코올의 농도(%) |
|---|---|---|
| | 막걸리 | |
| | 소주 1 | |
| | 소주 2 | |

# 9 DSSC 제조

## I. 실험 목적

- DSSC를 통해 태양전지의 작동 원리를 이해한다.
- 천연염료를 이용한 간이 염료감응형 태양전지를 만들어 광전압의 형성을 확인한다.
- DSSC를 구성하는 각 층의 역할을 이해한다.

## II. 실험 이론

**염료감응형 태양 전지**(dye-sensitized solar cell, DSSC)는 유기 염료와 나노 기술을 이용하여 고도의 에너지 효율을 갖도록 개발된 태양 전지이다. 1991년 스위스 연방 기술원(EPFL) 화학과의 마이클 그라첼(Michael Grätzel) 교수가 개발했고, 한국에서는 한국전자통신연구원(ETRI)이 처음으로 10~20 nm 크기의 산화물 표면에 유기 염료를 흡착해 수십 마이크로미터($\mu$m) 필름을 만들고 전극화하는데 성공했다.

염료감응형 태양 전지는 얇은 유리막 사이에 특수 염료를 넣어 마치 식물이 광합성을 하듯 빛을 흡수해 전기를 생산해 내는 기술이다. 빛을 흡수하는 광감응성 염료, 이 염료를 지지하는 나노 티타니아 전극, 전해질, 촉매, 상대 전극으로 구성된 3세대 태양 전지이다. 실리콘(Si)이나 박막 태양 전지와 같이 **p-형과 n-형 반도체의 접합을 사용하지 않고 전기화학적 원리에 의해 전기를 생산**하므로 이론 효율이 33%에 이르고 친환경적이어서 그린 에너지로 가장 적합한 태양 전지이다. 실리콘 태양 전지에 비해 전력 생산 효율은 다소 떨어지지만 하루 중 전기를 발생시키는 시간이 길고, 생산 단가가 현저하게 낮다. 특히 유리에 활용했을 때 투명하고 다양한 색 구현이 가능하다. 가시광선을 투과시킬 수 있어 건물의 유리창이나

자동차 유리에 그대로 붙여 사용할 수도 있다.

1세대 태양 전지는 **실리콘 태양 전지**로, 실리콘 반도체의 특징을 이용한 전지이다. 태양 전지에 빛을 비추면 빛에너지(광자)에 의하여 전자와 정공이 생긴다. 전하를 옮기는 전달체가 정공(positive charge)인 반도체를 p-형 반도체라고 부르고, 전하를 옮기는 전달체가 전자(negative charge)인 반도체를 n-형 반도체라고 한다. 태양 전지는 p-n 접합으로 구성된 반도체 소자로 반도체의 밴드 갭보다 큰 에너지의 빛이 입사되면 반도체 내부에 전자-정공 쌍이 p-n 접합부에 형성되어 있는 전기장에 의해 분리가 일어난다. p-형 반도체에서 확산되어 온 전자는 n-형 반도체 쪽(cathode)으로, n-형 반도체에서 확산되어 온 정공은 p-형 반도체 쪽(anode)으로 이동하면서 외부에 연결된 도선에 전류가 흐르게 된다. (그림 9-1)

3세대 태양 전지인 **염료감응형 태양 전지(DSSC)**는 광합성의 산화-환원 반응을 보고 착안하여 만든 유기물 태양 전지이다. 식물의 엽록체는 수 많은 엽록소로 구성되어 있다. 엽록소는 태양빛을 흡수하면 에너지적으로 들뜬 상태가 된다. 이 들뜬 에너지로 엽록소는 물을 분해해 전자를 얻는다. 이를 명반응(light reaction)이라고 한다. 명반응을 통해 얻은 전자는 가까운 전자 수용체에 전달되고 들뜬 전자에너지를 사용하여 산화-환원 과정을 유도하고 이를 통해 ADP를 ATP로 합성한다. ATP는 암반응(dark reaction) 과정을 통해 포도당을 합성한다. 여기서 중요한 것은 들뜬 전자인데 들뜬 전자는 낮은 에너지 수준의 전자가 되어 최종 전자 수용체인 NADP를 NADPH로 환원시킨다. 즉 전자의 에너지 차이를 이용하여 포도당을 합성한다. 태양 전지는 세부적인 부분에서 식물의 광합성과는 조금 다른데, 전자의 에너지 차이 즉 전압을 이용해서 전류를 생성하여 에너지를 얻는다. 배터리의 역할이 회로의 전압 차를 만드는 것이고 이 태양 전지가 배터리가 되는 것이다. 그리고 3세대 태양 전지는 엽록체 대신 $TiO_2$ 층을 사용하고 이 층에 빛에 감응하는 염료를 염색시켜 광합성의 역할을 수행시킨다. 결론적으로, 3세대 태양 전지는 식물의 광합성 원리를 응용,

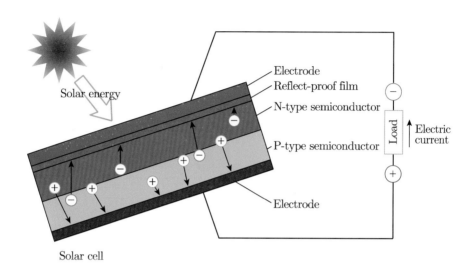

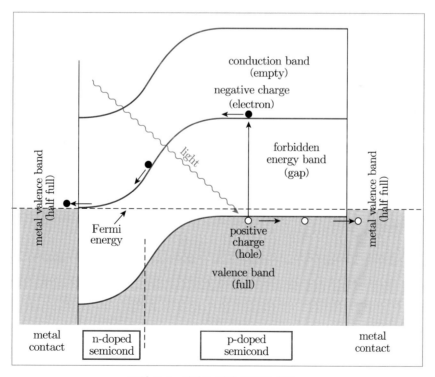

**그림 9-1** 실리콘 태양 전지의 원리

유기 염료가 태양빛을 흡수해 전자를 발생시키면 이를 반도체 특성을 갖는 나노 $TiO_2$입자를 통해 전극에 전달함으로써 전기를 생산한다.

# III. 실험 원리

## 1. 염료감응형 태양 전지의 구성 및 역할

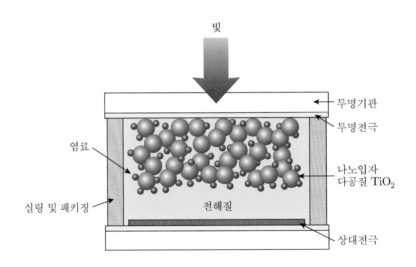

표면에 화학적으로 흡착된 염료 분자가 빛에너지를 받아 전자를 발생시킴으로써 전기에너지를 생산하는 전지이다. 각각의 구성요소의 역할은 다음과 같다.

- **투명전극(transparent electrode)** : 전도성을 지니는 FTO (fluorinated tin oxide), ITO (indium tin oxide) 등이 sputtering 방법으로 코팅된 유리로, 빛이 들어오는 창의 역할을 한다.
- $TiO_2$ **(titanium dioxide)** : 나노 입자로 구성된 다공질(mesoporous) 산화물로, 투명전극 위에 코팅되어 염료의 지지체로 사용된다. 염료가 부착되는 부분으로, 염료에서 여기된 전자가 전도띠(conduction band)를 통해 받아 외부 전극으로 이동시킨다.
- **염료(dye)** : 빛을 흡수하는 감광제로서, 빛에너지를 흡수한 후에 여기된 전자를 만들어낸다. 이 실험에서는 블루베리에 포함된 안토시아닌(anthocyanin)을 염료로 사용한다.

R₁, R₂ = H, OH, OCH₃

sugar = glucose, arabinose, galactose

**그림 9-2** 안토시아닌(anthocyanin)의 기본 구조

** 염료의 조건

1) 감광제의 흡수 스펙트럼은 전체 가시광선 영역과 근-적외선 영역(NIR)의 일부까지 포함해야 한다.

2) 염료의 LUMO는 $TiO_2$의 전도띠(conduction band) 보다 높아 염료와 반도체의 전도띠 사이의 여기된 전자이동 과정이 효율적으로 일어날 수 있어야 한다.

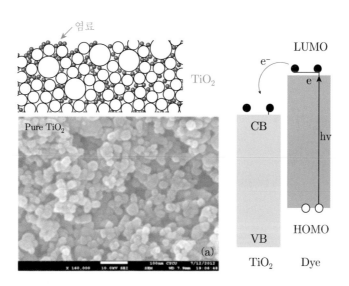

- **산화-환원 전해질(redox electrolyte)** : iodide/triiodide 용액으로 산화-환원 반응에 의해 전자를 염료 쪽으로 수송하게 된다. 즉, 염료에서 $TiO_2$를 통해 방출된 전자를 다시 염료에 채워준다.

$$I_3^- + 2e^- \rightleftharpoons 3I^-$$

$$D^+ + I^- \rightarrow (D \cdots I)$$
$$(D \cdots I) + I^- \rightarrow (D \cdots I_2^- \cdot)$$
$$(D \cdots I_2^- \cdot) \rightarrow D + I_2^- \cdot$$
$$2I_2^- \cdot \rightarrow I_3^- + I^-$$

- **상대전극(counter electrode)** : 외부회로에서 사용된 전자를 받아 산화된 전해질을 환원시킨다. 이 실험에서는 탄소 전극을 사용한다. $sp^2$ 혼성화된 탄소 나노 입자 형성 (WF = 5.0 eV)한다.

## 1. 염료감응형 태양 전지의 작동 원리

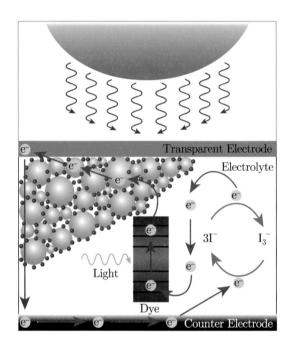

투명전극을 통해 들어온 빛에너지가 염료의 HOMO에 존재하는 전자를 여기 시킨다. 이렇게 여기된 전자는 $TiO_2$의 전도띠를 통해 투명전극을 따라 외부회로에서 일을 한다. 에너지를 잃은 전자는 다시 상대전극을 통해 전해질을 환원시키는 데에 사용되며, 전해질의 산화를 통해 다시 염료로 전달된다.

해당 태양 전지에서 얻을 수 있는 최대 전압을 $V_{oc}$(open-circuit voltage)라 하며, 전하밀도(current density(J))가 0일 때 전압이다.

## IV. 실험 기구 및 시약

**1) 기구** : 전도성 유리(FTO glass), 전도성 유리(FTO glass with $TiO_2$ paste), 전압계,

양초, 라이터, 핀셋, 스포이드, 집게, 일회용 지퍼백, 할로겐 램프

**2) 시약** : 염료(블루베리), 요오드-요오드화 칼륨 용액, 에탄올, 증류수

# V. 실험 방법

1) 지퍼백에 블루베리 4알과 3 mL의 증류수를 함께 넣어 으깬 후, $TiO_2$ 전극($TiO_2$가 흡착되어 있는 전도성 유리)를 20분 동안 넣어 염료를 흡착시킨다.

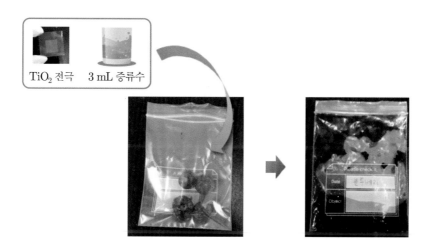

2) 염료가 흡착된 전극을 꺼내어 물과 에탄올로 씻어내고 드라이기로 건조하고 5분 동안 상온에서 건조한다.

3) 전압계를 이용해 전도성 유리의 저항을 측정하여 전도성면을 확인한다. 전압계는 아래 그림과 같이 구성하여(다이얼의 눈금은 저항을 향하도록) 사용한다.

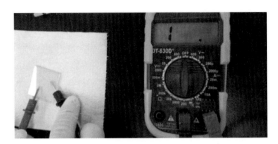

전도성이 없는 면

전도성이 있는 면. 이면에 탄소전극을 만든다.

4) 양초를 촛농으로 바닥에 고정시킨다. 위에서 확인한 전도성 면을 양초로 그을려 탄소전극을 만든다. TiO₂ 전극의 크기에 맞게 아래 그림 대로 옆면을 휴지로 닦아준다.

촛농으로 고정

5) 전압계를 이용해 염료가 흡착된 TiO₂ 전극의 전도성 면을 확인한다. TiO₂ 전극의

전도성 면 위에 요오드–요오드화 칼륨 용액(전해질)을 파스퇴르 피펫을 사용하여
2 방울 떨어뜨린다.

6) TiO₂ 전극위에 탄소전극을 조금 어긋나도록 덮어주고 집게로 고정시킨다.

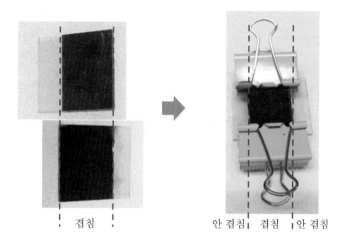

              겹침                              안 겹침  겹침  안 겹침

7) 요오드–요오드화 칼륨 용액이 새어 나오면 휴지로 닦아준다.

8) 전압계에 TiO₂ 전극(−), 탄소 전극(+)으로 연결하고 TiO₂ 전극 쪽에 할로겐 램프
및 태양광을 비추고 태양전지의 전압을 측정한다.

9) 손으로 불빛을 완전히 차단시키고 태양전지의 전압을 측정한다. 이 때 전압계의 측정
단위는 DC 200 mV로 설정하도록 한다.

# VI. 주의사항

- TiO$_2$ 전극에 염료를 흡착시킨 후 증류수와 에탄올로 씻어줄 때 흡착된 것이 벗겨지지 않도록 조심한다.
- 전도성 유리가 깨지지 않도록 조심히 다룬다.
- 블루베리 껍질에 색소가 다량 포함되어 있으므로 충분히 으깨준다.
- 양초를 이용하여 불을 다룰 때 각별히 주의하도록 한다.
- 탄소 전극 생성 시 양초 불꽃의 끝에서 생성하도록 한다.
- 두 전극을 합칠 때 흔들리지 않도록 주의한다. 탄소 전극이 뭉개질 수 있다.

## 실험 9. DSSC 제조

## 1. 목적

## 2. 실험 기구 및 시약

   **1) 기구** : 전도성 유리(FTO glass), 전도성 유리(FTO glass with $TiO_2$ paste), 전압계,
         양초, 라이터, 핀셋, 스포이드, 집게, 일회용 지퍼백, 할로겐 램프

   **2) 시약** : 염료(블루베리), 요오드-요오드화 칼륨 용액, 에탄올, 증류수

## 3. 실험 방법

## 4. 주의사항

## 5. 실험결과표

|  | 전압 (mV) |
|---|---|
| 태양광 |  |
| 할로겐 램프 |  |
| 불빛 차단 |  |

# 실험 9. DSSC 제조 결과보고서

| 실험일 | 제출함 No. | 담당교수 | 점 수 |
|---|---|---|---|
|  |  |  |  |
| 학 과 | 학 번 | 이 름 |  |
|  |  |  |  |

## I. Abstract

## II. Data & Results

| | 전압 (mV) |
|---|---|
| 태양광 | |
| 할로겐 램프 | |
| 불빛 차단 | |

# 10 크로마토그래피

## I. 실험 목적

• 두 가지 이상의 물질이 섞여 있는 혼합물을 정상 크로마토그래피로 분리하면서 극성, 비극성, 소수성 상호작용, 분배 등의 원리를 익힌다.

## II. 실험 이론

분석화학이라는 분야는 화학의 한 분야로 독립되어 아주 중요한 의미를 지닌다. 그 이유는 화학의 궁극적인 관심사는 원자의 재배열을 통한 화학적 변화에 있기 때문이다. 그리고 화학적 변화는 새로운 화합물의 생성을 의미 하기 때문에 화학적 변화를 조사하기 위해서는 반응물과 생성물의 종류와 양적 변화를 측정하는 것이 필수적이라고 할 수 있다. 양적 변화를 측정하기 위해서는 우선 대상 물질을 분리해야 한다. 다른 물질과 섞여 있을 때보다 순수할 때 관찰하기가 쉽기 때문이다. 따라서 분석화학이 중요한 만큼 분리는 아주 중요한 의미를 지닌다. 한편 화합물의 다양성은 분리를 어렵게 한다. 그래서 화합물의 특성을 잘 이용하여 다양한 분리 방법을 적절히 활용하는 것이 바람직하다.

분리에 가장 광범위하게 사용되는 방법은 크로마토그래피이다. 대부분 크로마토그래피의 핵심 원리는 극성은 극성끼리, 비극성은 비극성끼리 잘 섞인다는 점이다. 따라서 고정상과 이동상의 극성이 크게 다를 때 분리하고자 하는 물질은 두 상에 다르게 분배된다. 이러한 분배의 평형이 연속적으로 일어나면서 극성이 다른 물질 사이의 분리가 이루어진다. 크로마토그래피는 흡착제에 대한 친화도의 차이를 이용하여 혼합물을 각 성분으로 분리하여 정제하는 방법이다. 모든 크로마토그래피 기법의 기본 원리는 상분배(phase distribution)이다.

즉, 시료가 녹아 있는 이동상(mobile phase)이 정지상(stationary phase)을 통과할 때 각 시료 성분이 두 상 사이에서 평형을 이루기 때문에 두 상에 대한 분포가 달라진다. 정지상에 강하게 붙잡혀 있는 성분들은 이동상보다 정지상에 더 많이 분포하고, 정지상에 약하게 붙잡혀 있는 성분들은 정지상보다 이동상에 더많이 분포한다. 따라서 정지상에 약하게 흡착된 성분이 강하게 흡착된 성분에 비해 더 빨리 정지상을 통과하고, 각 성분들의 친화도에 따라 물질의 통과 속도가 다르기 때문에 분리가 가능하다. 이와 같은 과정을 용리(elution)라고 하고 각 성분의 용리 시간에 대한 검출기의 감응을 나타내는 그래프를 크로마토그램이라 부른다. 크로마토그래피는 이동상에 녹아 있는 용질과 정지상 사이의 상호작용 메커니즘에 따라 흡착 크로마토그래피(adsorption chromatography), 분배 크로마토그래피(partition chromatography), 이온 교환 크로마토그래피(ion-excahange chromatography), 분자 배제 크로마토그래피(molecular exclusion chromatography), 친화 크로마토그래피(affinity chromatography) 등으로 나뉜다. 이 방법들은 사용하는 정지상과 이동상에 따라 더욱 세분화된다.

## III. 실험 원리

### 1. 얇은 막 크로마토그래피

얇은 막 크로마토그래피(Thin-Layer Chromatography; TLC)는 액체-고체 크로마토그래피의 일종이다. 즉, 이동상은 액체이고 고정상은 고체이다. 유리판이나 플라스틱판과 같은 지지판에 실리카겔이나 알루미나와 같은 고체 흡착제를 얇게 입힌 고정상을 사용한다. 분리 또는 정제하고자 하는 물질의 진한 용액을 모세관에 묻혀서 TLC 판의 한 쪽 끝 부분에 반점을 만든다. 이 판을 전개액(용리 용매)이 들어 있는 용기에 담그면 용매는 모세관 작용에 의하여 판을 따라 위로 이동한다. 흡착제에 대한 친화도의 차이로 인하여 시료 혼합물에 들어 있는 각 성분들의 이동 속도는 서로 다르다. 실험에 사용되는 전개액과 흡착제는 분리 효과가 좋은 것을 선택해야 하며, 전개 후 판 위에는 혼합물의 각 성분이 분리되어 반점들이 생긴다.

전개가 끝나면 기준선에서 용매선까지 용매가 이동한 거리($l_{용매}$)와 기준선에서 각 반점들까지 성분 물질이 이동한 거리($l_a \sim l_c$)를 측정한 후, 성분 물질이 이동한 거리를 용매가

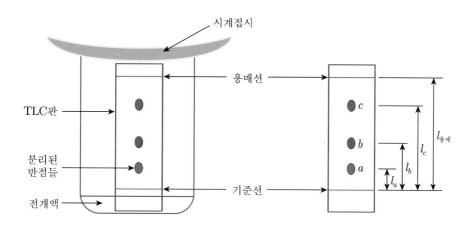

이동한 거리로 나누어 $R_f$ 값을 구한다.

$$R_f = \frac{\text{성분 물질이 이동한 거리}}{\text{용매가 이동한 거리}}$$

용매의 이동거리 $l_{용매}$, 반점 $a$의 이동거리를 $l_a$라고 하면 $a$의 $R_f$값은 다음과 같다

$$a\text{의 } R_f = \frac{l_a}{l_{용매}}$$

물질의 $R_f$값은 각 물질의 성질, 용매의 종류 및 온도에 따라 달라지지만, 흡착제, 용매, 막의 두께, 막의 균일성, 온도 등이 정해진 조건에서는 $R_f$값이 일정하다.

TLC의 장점은 매우 적은 양의 시료 분석이 가능하다는 것이다. TLC 판에서 색깔이 있는 물질의 반점은 쉽게 구별할 수 있지만 색깔이 없는 물질의 경우에는 반점의 위치를 확인하기 위하여 발색제를 뿜어주거나 또는 자외선을 쬐어서 형광을 발하게 하는 방법을 써야 한다.

TLC의 경우 정성분석에 주로 사용된다. 물질의 구조(극성)에 따라 $R_f$값이 다른 것을 이용하여 어떠한 반응의 시작물질과 반응물질의 $R_f$값을 비교하여 반응의 모니터링을 하는데 주로 사용한다. 하지만 소량의 정량분석은 가능하다. Prep-TLC를 사용하여 분리가 어려운 혼합물을 소량이지만 쉽게 분리할 수 있다.

## 1. 관 크로마토그래피

관 크로마토그래피(Column Chromatography)는 액체상과 고체상 사이에서 물질을 분리

한다. TLC와 같은 원리이다. 여기서 흡착을 일으키는 작용의 형태는 분자 사이를 끄는 힘과 같은 것으로 정전기적 인력, 착물화, 수소결합등이 있다. 이 실험에서의 column은 silica gel과 같은 활성화된 고체로 채워져 있고, 액체시료가 위에 들어간다. TLC와 같은 원리이지만 시료 및 전개액이 전개되는 방향만 반대이다. 즉, 시료는 처음에 column의 맨 위에서 흡착되기 시작하여 용매가 column을 통해 흐른다. 그런데 고체상의 선택적 흡착력에 의해 각 성분들은 서로 다른 속도로 column속을 내려간다.

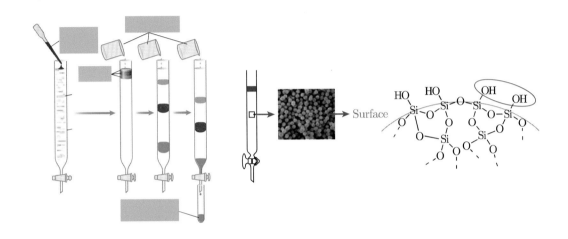

이 분석법은 최초로 사용된 분석법이며 일반적으로 비극성 용매에 녹는 시료 분석에 주로 사용된다. 혼합된 시료 중에 극성이 큰 물질은 고정상(실리카겔)과의 수소결합으로 인해 이동속도가 느려져 천천히 나오게 되고 극성이 보다 작은 물질은 빨리 나오게 된다. 또한 이동상의 극성이 강할수록 시료가 머무르는 시간이 감소된다. 관 크로마토그래피의 경우 정량분석을 할 때 사용된다. 혼합물 중 얻고자 하는 물질을 분리하여 얻을 수 있으므로 순수한 물질로 정제할 수 있다.


## IV. 실험 기구 및 시약

1) **기구** : 100 mL 비커, 시계 접시, 모세관, TLC plate, 메스실린더, 파스퇴르 피펫, 실리카 겔, 솜, vial, 고무 벌브

2) **시약** : 지시약(브로모페놀블루, 페놀프탈레인, 브로모크레졸 퍼플, 페놀레드, 혼합시료), 이동상(디클로로메탄+메탄올), 암모니아 수용액, 1.0 $M$ NaOH 표준용액

# V. 실험 방법

## 실험 A. 얇은 막 크로마토그래피

1) TLC 판의 아래와 위에서 약 0.5 cm 떨어진 곳에 각각 연필로 선을 긋는다.

2) 준비된 4가지 시료용액과 혼합시료를 찍을 곳 (총 5 곳)을 연필로 표시하며, 각 시료를 모세관에 묻힌 후 표시된 곳에 나란히 점 (spot)을 찍는다. 그리고 드라이기를 사용하여 (고온X) 완전히 말린다. (이 때 spot의 크기는 너무 크지 않도록 주의한다.)

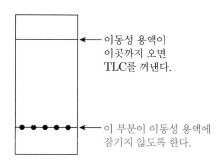

3) 시료를 찍은 TLC 판을 디클로로메탄 : 메탄올 = 5 : 1 (25 mL메스실린더로 제조)의 비로 이동상이 들어있는 비커에 넣어 전개하기 시작한다. (이동상은 비커에 0.5 cm 이하로 채운다.) 이 때 시료를 찍은 부분이 이동상 용액에 잠기지 않도록 TLC 판을 거의 수직으로 세우고, 시계 접시로 덮어서 이동상이 증발하지 않게 한다.

4) 이동상이 TLC 판의 위쪽 끝에서 0.5 cm 정도 떨어진 곳 (1번 실험과정에서 선을 그어 표시했던 곳)까지 도달하면 TLC 판을 꺼내어 말린 다음 연필로 각각의 지시약 위치를 표시한다. (반드시 0.5 cm 도달하기 전에 TLC 판을 빼주고, 이동상이 도달한 위치도 표시해준다.)

5) 이 TLC 판을 암모니아 기체에 노출시킨 다음 TLC 판에 나타나는 색 변화를 관찰 및 기록한다. (반드시 후드 안에서 진행하며, 페놀프탈레인 시약은 염기 조건에서 색을 확인 할 수 있다.)

6) 위 실험 결과로 얻은 TLC 판에서 각 spot이 이동한 거리와 이동상이 이동한 거리를 기록하고 $R_f$값을 계산한다.

## 실험 B. 관 크로마토그래피

1) 파스퇴르 피펫의 좁아지는 부분을 막을 정도의 솜을 떼어 내어 실리카겔이 빠지지 않도록 모세관을 이용하여 막는다. (모세관이 부러지지 않도록 주의한다.)

2) 여기에 실리카 겔을 적당한 높이 (피펫 상단에서 약 4~5 cm 정도 떨어진 높이)까지 채운다.

3) 25 mL 메스실린더에 디클로로메탄 : 메탄올 = 5 : 1을 혼합하여 이동상을 제조한다. 제조 후 메스실린더 입구를 파라필름(parafilm)으로 막아준다. (이동상의 증발 방지)

4) 3번 과정에서 만들었던 파스퇴르 피펫에 이동상을 여러 번 내려주어 내부에 생긴 기포를 제거한다. (이동상이 실리카겔이 채워진 부분보다 항상 높아야 한다.) 이 과정을 패킹(packing) 이라고 한다.

5) 혼합시료를 패킹된 실리카겔 표면 바로 위 벽면에 2~3 방울 흘러내려 주고 이동상 2~3 방울로 벽면에 묻은 시료를 닦아 내린 후 실리카가 채워진 끝부분까지 용액을 내린다. 이 과정을 로딩(loading) 이라고 한다.

6) 로딩이 끝난 피펫에 이동상을 다시 채우고 용출 액을 vial에 받는다. (실리카겔이 채워진 부분보다 항상 높은 상태를 유지하면서 이동상을 계속 부어준다.)

7) 먼저 3개의 vial에 약 1/10 정도 높이씩 용출 액을 각각 받는다. (파스퇴르 피펫으로 실험과정 3번에서 만들었던 이동상을 실리카겔이 들어있는 피펫에 넣도록 하며, 이때 파스퇴르 피펫의 절반정도의 양이 vial의 1/10양과 비슷하다.)

8) 세번째 vial에서 내리던 것을 다 받으면, 이동상을 메탄올로 바꾸어 다른 3개의 vial에 1/10씩 용출 액을 받는다. (중간에 멈춤 없이 연속적으로 전개액을 받는다.)

9) Vial에 받아낸 용출 액을 TLC를 이용하여 혼합시료의 분리 여부를 확인한다.

10) 각각의 vial에 1.0 $M$ NaOH용액을 2~3 방울 첨가하여 색의 변화를 관찰한다.


## VI. 주의사항

• 실리카겔은 호흡기에 해로우므로 날리지 않도록 주의한다.

• 또한 실리카겔을 피펫에 옮길 때에는 반드시 후드에서 진행하도록 한다.

• 암모니아 수용액은 후드에 넣고 실험하도록 한다.

• 전개액 혼합 시 메탄올을 디클로로메탄 보다 먼저 넣는다.

• 사용한 실리카겔은 후드 안의 폐실리카 통에 버린다.

• 이번 실험에서 사용 한 폐수는 절대로 싱크대에 버리지 않는다. (반드시 폐수통에 버린다.)

## 실험 10. 크로마토그래피

## 1. 목적

## 2. 실험 기구 및 시약

**1) 기구** : 100 mL 비커, 시계 접시, 모세관, TLC plate, 메스실린더, 파스퇴르 피펫, 실리카 겔, 솜, vial, 고무 벌브

**2) 시약** : 지시약(브로모페놀블루, 페놀프탈레인, 브로모크레졸 퍼플, 페놀레드, 혼합시료), 이동상(디클로로메탄+메탄올), 암모니아 수용액, 1.0 $M$ NaOH 표준용액

## 3. 실험 방법

## 4. 주의사항

## 5. 실험결과표

| 시료 | 초기색깔 | 암모니아 기체에 노출시킨 후 | Rf값 |
|---|---|---|---|
| 브로모페놀블루 | | | |
| 페놀프탈레인 | | | |
| 브로모크레졸퍼플 | | | |
| 페놀레드 | | | |

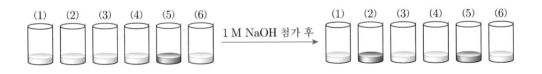

| vial | Rf값 | 처음색깔 | NaOH 첨가 후 |
|---|---|---|---|
| 1 | | | |
| 2 | | | |
| 3 | | | |
| 4 | | | |
| 5 | | | |
| 6 | | | |

# 실험 10. 크로마토그래피 결과보고서

| 실험일 | 제출함 No. | 담당교수 | 점 수 |
|---|---|---|---|
|  |  |  |  |
| 학 과 | 학 번 | 이 름 | |
|  |  |  | |

## I. Abstract

## II. Data & Results

| 시료 | 초기색깔 | 암모니아 기체에 노출시킨 후 | Rf값 |
|------|----------|------------------------------|------|
| 브로모페놀블루 | | | |
| 페놀프탈레인 | | | |
| 브로모크레졸퍼플 | | | |
| 페놀레드 | | | |

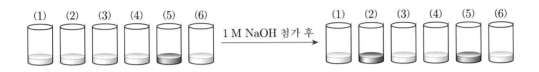

| vial | Rf값 | 처음색깔 | NaOH 첨가 후 |
|------|------|----------|---------------|
| 1 | | | |
| 2 | | | |
| 3 | | | |
| 4 | | | |
| 5 | | | |
| 6 | | | |

# 화학 반응 속도론

## I. 실험 목적

- 과산화수소가 물과 산소로 분해되는 반응에서 반응물의 농도 변화 및 촉매가 반응속도에 어떠한 영향을 미치는지 실험적으로 확인한다.
- 화학 반응 속도식을 나타내는데 필요한 반응 차수와 속도 상수($k$)를 실험적으로 결정된 초기 반응 속도 값($v$)을 이용하여 계산해 본다.

## II. 실험 이론

화학 반응이 진행되어 어느 정도의 생성물이 만들어질 것인가는 화학 열역학에서 자유에 너지와 관련된 평형상수로부터 알 수 있다. 그러나 열역학적으로 생성물이 만들어 질 수 있다고 하더라도 그 반응의 속도가 매우 느릴 경우에는 전혀 쓸모가 없을 것이다. 반응의 유용성을 생각한다면 반응은 적당한 속도로 진행되어야 한다. 비료의 원료로 사용하는 암모니아를 만들기 위해 상온에서 질소와 수소를 혼합하고 반응이 될 때까지 막연히 기다릴 수는 없다. 그러므로 반응의 화학양론과 열역학적인 이해만으로는 충분하지 않으며 화학반 응의 속도를 알아내고 속도에 영향을 줄 수 있는 요인을 확인하며 나아가 속도를 조절하는 일은 화학에서 매우 중요하다 할 수 있다.

### 1. 반응 속도

반응 속도(reaction rate)는 생성물이 시간에 따라 만들어지는 양 또는 반응물이 시간에 따라 소모되는 양으로 표현한다.

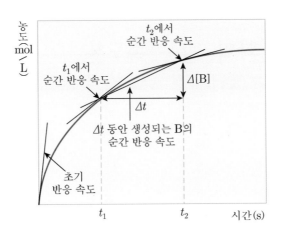

**그림 11-1** 시간에 따른 반응물과 생성물의 농도 변화

반응의 평균 속도는 시간 vs 농도 그래프에서 시작점과 끝 지점을 연결하는 직선의 기울기가 된다. 이때 어떤 시간에서 무한히 작은 시간구간($\Delta t$)에 대한 농도의 변화량($\Delta[A]$)의 비를 순간 속도라 하며 이는 속도 곡선에서 그 시간에 대한 접선의 기울기가 된다. 일반적으로 이 순간 속도를 간단히 속도라고 부르며 반응이 시작되는 시간($t = 0$)에서의 속도를 초기 속도로 한다.

일반적인 반응 $a\mathrm{A} + b\mathrm{B} \rightleftharpoons c\mathrm{C} + d\mathrm{D}$ 의 속도는 다음과 같다.

$$v = -\frac{1}{a}\frac{d[\mathrm{A}]}{dt} = -\frac{1}{b}\frac{d[\mathrm{B}]}{dt} = \frac{1}{c}\frac{d[\mathrm{C}]}{dt} = \frac{1}{d}\frac{d[\mathrm{D}]}{dt}$$

이러한 관계식은 중간체가 없거나 중간체가 있더라도 그것의 농도가 반응이 진행되는 동안 시간에 무관할 경우에 성립한다.

반응 속도는 반응물이나 생성물의 농도가 시간에 따라 어떻게 변하는가를 직접 측정해서 결정한다. 용액의 경우에는 적정을 하거나 흡광도나 전기 전도도, 또는 형광 등을 측정해서 시간에 따른 농도의 변화를 측정 할 수 있고 기체의 경우에는 일정한 압력에서 부피의 변화를 측정 할 수 있다. 어떤 실험 방법을 사용할 것인가는 반응물과 생성물의 특성과 반응 속도가 얼마나 큰가에 따라 결정된다. 반응 속도가 매우 느리다면 특정 반응물이나 생성물의 농도를 구하기 위한 화학적 분석을 수행할 시간적 여유를 갖게 된다. 그러나 반응 속도가 매우 빠른 경우에는 화학적 분석을 수행할 여유가 없으므로 반응물이나 생성물에 의해서만 흡수되는 특정 파장의 빛을 쪼여 흡수되는 양을 측정하여 농도 변화를 측정한다.

## 2. 반응 속도식

화학 반응은 가역적이다. 정반응과 역반응이 모두 일어날 수 있으므로 측정된 농도의 변화는 정반응의 속도가 아닌 알짜 반응 속도(정반응 속도 – 역반응 속도)이다. 이러한 복잡성을 피하기 위해 역반응이 무시될 수 있는 반응 조건에서 반응 속도를 결정해야 한다. 반응이 시작되는 반응의 초기 단계에서는 반응물의 농도가 생성물의 농도에 비해 훨씬 크기 때문에 역반응의 속도는 무시할 수 있다. (역반응의 속도를 무시하기 힘든 경우에는 생성물이 형성되는 대로 제거하는 실험 장치를 이용하여 반응 속도를 측정하여야 한다.)

반응의 초기 속도만을 생각하며 반응 속도는 단지 반응물의 농도에만 의존한다. 반응이 반응물의 농도에 어떻게 의존하는가를 보여주는 표현으로 반응 속도와 반응물의 농도와의 관계식을 반응 속도식 또는 속도 법칙(rate law)이라 하며, 속도 $= k[A]^m[B]^n$으로 표기한다. 이때 비례 상수 $k$는 속도 상수(rate constant), $m$과 $n$은 반응의 차수(order)라 부르며 이는 균형화학 반응식에서 구하는 것이 아니라 실험을 통해 결정된다.

속도 법칙의 종류는 미분 속도 법칙과 적분 속도 법칙이 있다. 반응 속도가 농도에 어떻게 의존하는지를 나타내는 속도 법칙을 미분 속도 법칙이라 하고 간단히 속도 법칙이라고 하며, 농도의 함수로서의 속도를 의미한다. 적분 속도 법칙은 반응 속도론을 공부하는 데 있어서 중요하다. 적분 속도 법칙은 농도가 시간에 따라 어떻게 변화하는지를 보여준다. 주어진 미분 속도 법칙은 항상 특정한 형태의 적분 속도 법칙과 관련되어 있고, 적분 속도 법칙 역시 특정한 형태의 미분 속도 법칙과 관련이 있다. 즉, 만일 주어진 반응에 대한 미분 속도 법칙을 알면 자동적으로 그 반응에 대한 속도 법칙을 알 수 있으며, 이는 어떤 반응에 대한 둘 중 하나의 속도 법칙 형태가 실험적으로 결정되면 나머지 형태의 속도 법칙도 알 수 있다는 것을 의미한다.

## 3. 화학 반응 메커니즘

대부분의 화학 반응은 반응 메커니즘이라 부르는 일련의 단계를 거쳐 진행된다. 어떤 반응을 이해하려면 그 메커니즘을 알아야 한다. 반응 속도론을 연구하는 목적 중의 하나는 전체 반응에 관계되는 각 단계 반응을 가능한 한 정확하게 규명하는데 있다. 예를 들어 이산화질소와 일산화탄소의 다음 반응을 생각해 보자.

$$NO_2(g) + CO(g) \rightarrow NO(g) + CO_2(g)$$

실험을 통하여 얻은 이 반응에 대한 속도 법칙을 다음과 같다.

$$속도 = k[NO_2]^2$$

이 반응은 균형 맞춘 반응식이 나타내는 것보다는 훨씬 복잡하다. 균형 맞춘 반응식은 반응물과 생성물 및 화학량론을 알려주지만, 반응 메커니즘에 대한 직접적인 정보를 주지는 못한다.

$NO_2$와 $CO$의 반응 메커니즘은 다음의 두 단계로 생각된다.

$$NO_2(g) + NO_2(g) \xrightarrow{k_1} NO_3(g) + NO(g)$$

$$NO_3(g) + CO(g) \xrightarrow{k_2} NO_2(g) + CO_2(g)$$

여기에서 $k_1$과 $k_2$는 각 반응의 속도상수이다. 이 메커니즘에서 $NO_3$기체는 중간체이다. 중간체는 반응물도 생성물도 아닌 화학종으로 반응이 진행되는 동안 생성되었다가 없어진다. 이 두 반응 각각을 단일 단계 반응이라 부르는데, 단일 단계 반응의 속도 법칙은 분자도를 이용하여 표시할 수 있다. 분자도는 그 단계의 반응을 일으키기 위해 충돌해야 하는 화학종의 수로 정의된다. 한 개의 분자가 참여하는 반응을 일분자 반응단계라 부르며, 두 개 또는 세 개의 화학종의 충돌이 일어나는 반응을 각각 이분자, 삼분자 반응이라 부른다. 그런데 이 세 개의 분자가 동시에 충돌할 확률은 아주 작기 때문에 삼분자 반응은 아주 드물다. 이 세 가지 형태의 단일 단계 반응과 그 속도 법칙은 아래 표 11-1에 나타내었다. 아래 표에서 단일 단계 반응의 속도 법칙은 그 단계의 분자도로부터 직접 구할 수 있다.

**표 11-1** 단일 단계 반응의 속도 법칙

| 단일 단계 반응 | 분자도 | 속도 법칙 |
|---|---|---|
| A → 생성물 | 일분자 | $속도 = k[A]$ |
| A+A → 생성물<br>(2A → 생성물) | 이분자 | $속도 = k[A]^2$ |
| A+B → 생성물 | 이분자 | $속도 = k[A][B]$ |
| A+B → 생성물<br>(2A+B → 생성물) | 삼분자 | $속도 = k[A]^2[B]$ |
| A+B+C → 생성물 | 삼분자 | $속도 = k[A][B][C]$ |

반응 메커니즘을 좀 더 정확히 정의하면 다음 두 가지 조건을 만족하는 일련의 단일 단계 반응을 말한다.

1. 단일 단계 반응을 모두 더하면 균형 맞춘 전체 반응식이 되어야 한다.
2. 반응 메커니즘은 실험적으로 결정된 속도 법칙을 만족시켜야 한다.

이 조건들이 어떻게 적용되는지를 보기 위해 앞의 반응 $NO_2$와 CO의 반응에 대한 메커니즘을 살펴보자. 첫째, 두 단계 반응의 합은 전체 균형 맞추어진 반응식이 되어야 한다.

$$NO_2(g) + NO_2(g) \xrightarrow{k_1} NO_3(g) + NO(g)$$

$$NO_3(g) + CO(g) \xrightarrow{k_2} NO_2(g) + CO_2(g)$$

$$NO_2(g) + \cancel{NO_2(g)} + \cancel{NO_3(g)} + CO(g) \rightarrow \cancel{NO_3(g)} + NO(g) + \cancel{NO_2(g)} + CO_2(g)$$

$$전체반응 : NO_2(g) + CO(g) \rightarrow NO(g) + CO_2(g)$$

올바른 메커니즘이 되기 위한 첫째 조건은 만족되었다. 둘째 조건이 만족되는지도 보자. 여러 단계 반응은 흔히 다른 단계들보다 반응 속도가 훨씬 느린 한 단계를 포함한다. 그러면 전체 반응은 가장 느린 반응 단계의 속도로 일어난다. 반응물이 이 가장 느린 단계의 반응이 진행하는 속도로 생성물이 되기 때문이다. 곧, 전체 반응은 반응 경로에서 가장 느린 반응 단계인 속도 결정 단계보다 더 빠르게 진행될 수 없다. 위의 반응에서 어느 것이 반응 속도 결정 단계일까?

$$NO_2(g) + NO_2(g) \xrightarrow{k_1} NO_3(g) + NO(g) \quad 느림(반응속도 결정단계)$$

$$NO_3(g) + CO(g) \xrightarrow{k_2} NO_2(g) + CO_2(g) \quad 빠름$$

첫째 단계가 속도 결정 단계이며, 둘째 단계는 상대적으로 빠르다고 가정하자. 여기에서 우리가 가정한 것은 $NO_3$의 생성 속도는 $NO_3$가 CO와 반응하는 속도보다 훨씬 느리다는 것이다. 그러면 $CO_2$의 생성 속도는 첫째 단계에서 $NO_3$의 생성 속도에 의해 조절된다. 첫째 단계는 기본 단계 반응이므로 분자도로 속도 법칙을 적을 수 있으며, 이분자 반응인 첫째 단계의 속도 법칙은 다음과 같다.

$$\text{NO}_3\text{의 생성속도} \ = \ \frac{\triangle[\text{NO}_3]}{\triangle t} \ = \ k_1[\text{NO}_2]^2$$

전체 반응 속도는 가장 느린 단계보다 빠를 수 없으므로 다음과 같이 된다.

$$\text{전체 반응 속도} \ = \ k[\text{NO}_2]^2$$

이 식은 이미 주어진 실험적으로 결정된 속도 법칙과 일치한다. 그렇다면 여기에서 가정한 메커니즘은 위에 제시한 두 조건을 만족하므로 올바른 메커니즘이 될 수 있다. 반응 메커니즘은 어떻게 알아내야 할까? 먼저 속도 법칙을 알아내야 한다. 이어서 화학적 직관과 앞서 제시한 두 조건을 이용하여 이에 부합하는 메커니즘을 구상한 다음, 더 많은 실험을 통하여 잘못된 부분들을 바로잡는다. 현재까지 메커니즘을 완벽히 증명할 수는 없으며, 위의 두 조건을 충족하면 옳을 수 있다는 점만 말할 수 있다. 일반적으로 화학 반응 메커니즘을 규명하기란 어려워서 많은 기술과 경험이 요구되기도 한다.

## 4. 화학 반응 속도론의 모형

화학 반응 속도에 영향을 미치는 요인은 다양하다. 일반적으로 반응 속도는 온도에 매우 민감하며 기체의 반응은 압력에 의해서도 크게 변한다. 또한 반응 물질의 농도에 따라 민감하게 변화하기도 하고 촉매를 넣어주면 반응 속도가 대단히 빨라진다. 이러한 화학 반응 속도에 영향을 미치는 요인들을 설명하기 위해 충돌 모형이 제시되었고 분자가 충돌해야 반응이 일어난다는 이론을 근거로 한다. 기체의 분자 운동론은 온도의 증가가 분자 속도를 가속시켜 분자 사이의 충돌수를 증가시킬 것이라고 예측한다. 이것은 온도가 증가함에 따라 반응 속도가 증가하는 실험결과와 일치한다. 그러나 반응 속도는 계산된 충돌 횟수에 비해 훨씬 작은 값으로 측정되므로 충돌 중의 일부만이 반응을 일으킴을 알 수 있다.

이러한 문제에 대해 Arrhenius는 화학 반응이 진행되기 위해 극복되어야 하는 에너지에 대해 제시하였고 이를 활성화 에너지($E_a$)라 하였다. Arrhenius는 속도상수가 온도의 역수의 지수함수 형태로 주어진다고 제안하였다.

$$k \ = \ Ae^{\frac{-Ea}{RT}}$$

충돌 모형에서는 활성화 에너지가 반응물이 충돌 전에 가지고 있는 운동에너지로부터 온다고 가정하고 운동 에너지가 활성화 에너지를 넘을 경우에만 반응이 일어난다. Arrhenius의 속도 상수의 온도 의존성은 Maxwell-Boltzman 분자 운동에너지 분포와 연관 지을 수 있다. 온도가 낮을 경우에는 소수의 분자만이 $E_a$ 이상을 갖게 되며 이러한 분자의 분율은 $E_a$와 $\infty$ 사이의 구간의 Maxwell-Boltzman 곡선 아래의 면적과 같게 된다. 온도가 증가하면 분포함수는 에너지가 더 높은 쪽으로 이동하게 되고 활성화 에너지보다 높은 운동에너지를 갖는 분자가 증가하게 된다. $E_a$ 를 초과하는 분자의 분율은 Arrhenius의 관찰 결과처럼 지수 함수로써 $e^{\frac{-E_a}{RT}}$ 에 따라 증가한다.

## 5. 촉매

촉매란 화학반응에 참여하여 속도는 증가시키지만 그 자체는 아무런 화학 변화를 일으키지 않는 물질을 말한다. 따라서 촉매는 균형화학 반응식에는 나타나지 않지만 촉매가 있으면 속도식에 큰 영향을 미치게 되는데 이는 반응 경로를 변경하여 활성화 에너지를 낮추는 효과를 주기 때문이다. 촉매는 활성화 에너지를 낮추는 것이기 때문에 정반응과 역반응의 속도를 모두 증가시키므로 전체 반응의 열역학에는 아무런 영향을 주지 않는다.

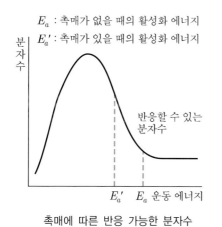

촉매에 따른 반응 가능한 분자수

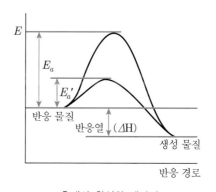

촉매와 활성화 에너지

## III. 실험 원리

이 실험은 초기 농도를 변화시키면서 반응 속도를 측정함으로써 반응 차수를 구하는 실험이다. 이 실험에서는 촉매의 존재 하에 과산화수소($H_2O_2$)가 물과 산소로 분해되는 과정의 속도를 측정한다.

$$2H_2O_2 \xrightarrow{K_2Cr_2O_7} 2H_2O + O_2$$

이 반응은 상온에서 매우 느리므로 반응을 돕기 위한 촉매를 사용하여 반응의 속도를 촉진시킨다. 이 실험에 사용되는 과산화수소의 촉매로는 KI, $MnO_2$, $K_2Cr_2O_7$ 등을 사용하여 반응을 진행시킬 수 있으나 반응 속도를 고려하여 $K_2Cr_2O_7$을 사용한다.

• 전체 반응식

$$2H_2O_2\,(aq) \rightarrow\ 2H_2O\,(l) + O_2\,(g) \quad (느린\ 반응)$$
$$Catalyst : K_2Cr_2O_7 \rightarrow 속도를\ 촉진$$

• 반응 메커니즘

$$2H_2O_2\,(aq) + K_2Cr_2O_7\,(aq) \rightleftharpoons\ 2H_2O\,(l) + K_2Cr_2O_9\,(aq)$$
$$K_2Cr_2O_9\,(aq) \rightarrow K_2Cr_2O_7\,(aq) + O_2\,(g)$$
$$\overline{\phantom{2H_2O_2\,(aq) \rightarrow\ 2H_2O\,(l) + O_2\,(g)aaaa}}$$
$$2H_2O_2\,(aq) \rightarrow\ 2H_2O\,(l) + O_2\,(g)$$

• 초기 반응 속도(mL/s)

$$v = -\frac{1}{2}\frac{\Delta\,[H_2O_2]}{\Delta t} = \frac{\Delta\,[O_2]}{\Delta t} = k\,[H_2O_2]^m\,[K_2Cr_2O_7]^n \tag{11.1}$$
$$반응차수\ m,\ n은\ 실험으로\ 얻음$$

반응속도는 생성물의 단위시간당 농도변화라고 정의되며 농도, 촉매 및 온도의 영향을 받는다. 반응 속도는 다음과 같이 식 (11.1)으로 표현한다. 여기서 $k$는 속도 상수이며, $m$과 $n$은 각각 $H_2O_2$ 및 $K_2Cr_2O_7$에 대한 반응 차수가 된다. 이번 실험에서는 초기 농도를 달리하여 반응을 시킨 다음, 반응 초기의 반응 속도를 시간의 경과에 따른 산소 발생량으로부터 구한다.

## IV. 실험 기구 및 시약

**1) 기구** : 100 mL 수위조절관, 수위조절기, 100 mL 조인트 삼각플라스크, 진공 어댑터, 튜브, 파라필름, 피펫, 피펫펌프, 100 mL 부피플라스크, 비커, 눈금 실린더, 교반기, 교반자석, 스탠드, 뷰렛 클램프, 저울, 유산지, 약수저, 초시계

**2) 시약** : 0.050 $M$ potassium dichromate ($K_2CrO_7$), 3.0 wt.% hydrogen peroxide ($H_2O_2$), 증류수

## V. 실험 방법

### 〈실험 장비 설치〉

1) 스탠드에 수위조절관을 걸기 위한 뷰렛 클램프를 고정한다.
2) 어댑터와 수위조절관, 수위조절관과 수위조절기를 튜브로 연결하고 연결 부위를 파라 필름을 이용해 밀봉한다.
3) 이 때 눈금이 낮은 쪽이 어댑터, 높은 쪽이 수위조절기 방향이어야 한다.
4) 수위조절관을 뷰렛 클램프에 고정한다.
5) 수위 조절기에 적당한 양의 물을 채운다.
   (너무 많은 양을 채울 경우, 나중에 넘칠 수 있다. 또한 물을 채울 때 어댑터를 삼각플라 스크에 연결한 경우에 내부 압력이 작용해 물이 들어가지 않으므로 이를 꼭 확인한 뒤 물을 채운다.)
6) 수위조절관과 수위 조절기의 물 높이가 같은 지 확인한다.

  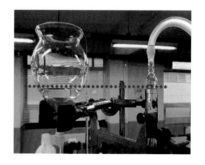

## 〈반응속도 및 반응차수 측정〉

1) 기체 부피 측정 장치에 채워지는 물은 예비실험을 통해 산소기체로 포화 시켜 오차를 줄인다.

   \* 물에 대한 산소의 용해도: 9 ppm at 293 K

2) 삼각 플라스크에 0.050 $M$ $K_2Cr_2O_7$용액 10.0 mL와 증류수 15.0 mL를 넣는다.

3) 교반 자석을 용액에 넣어준다.

4) 위의 삼각 플라스크에 3.0 wt.% $H_2O_2$ 용액 5.0 mL을 가하고 마개를 닫고 교반하여 섞어준다.

5) 바로 기체가 생성되기 시작하므로 vacuum adapter를 곧바로 끼워준다.

6) 교반 속도에 따라 반응속도가 달라질 수 있으므로 반응의 교반 속도를 일정하게 한다.

7) 약 2 mL의 산소 기체가 발생된 때부터 시간을 측정하기 시작한다.

8) 일정 압력을 유지하기 위해 눈금 피펫의 수면과 수위조절기의 수면을 일정하게 맞추어 주면서 2 mL의 산소가 발생될 때마다 시간을 기록한다.

9) 발생된 산소의 부피가 14 mL가 될 때까지 시간을 측정한다.

   \* 14 mL 까지는 전체 반응 중 초기 반응에 속한다.

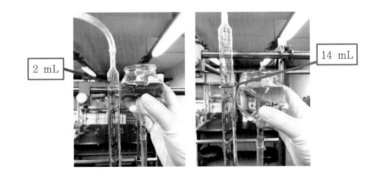

10) 각각의 실험을 아래와 같은 양으로 반복하여 수행한다.

| 시약 | 실험 A | 실험 B | 실험 C |
|---|---|---|---|
| 0.050 $M$ $K_2Cr_2O_7$ | 10.0 mL | 10.0 mL | 20.0 mL |
| $H_2O$ | 15.0 mL | 10.0 mL | 5.0 mL |
| 3.0% $H_2O_2$ | 5.0 mL | 10.0 mL | 5.0 mL |

# VI. 주의사항

- 맨 손으로 $H_2O_2$를 만지게 되면 수포가 생기므로 장갑을 필수로 착용하고, 장갑에 묻으면 새로운 장갑을 착용해야 한다.
- $H_2O_2$는 시간이 지남에 따라 분해되기 때문에 실험하기 직전에 만들어 사용해야 한다.
- 기체 부피 측정장치에 기체가 새는 곳이 없도록 한다.
- 압력 평형을 유지시켜 주기 위해 반응 속도에 맞추어 손으로 높이를 조절하여 눈금 피펫의 수면과 수위조절기의 수면을 일정하게 맞춰주어야 한다.
- 교반기에서 반응 시 플라스크는 교반기 중앙에 위치하게 하고, 플라스크가 흔들리다 떨어지지 않도록 주의한다.

| | [학번] | [점수] |
|---|---|---|
| **실험 11. 화학 반응 속도론** | [이름] | |

## 1. 목적




## 2. 실험 기구 및 시약

**1) 기구** : 100 mL 수위조절관, 수위조절기, 100 mL조인트 삼각플라스크, 진공 어답터,
튜브, 파라필름, 비커, 100 mL 부피플라스크, 피펫, 피펫펌프, 눈금 실린더,
교반기, 교반자석, 스탠드, 뷰렛 클램프, 저울, 유산지, 약수저, 초시계

**2) 시약** : 0.050 $M$ potassium dichromate ($K_2Cr_2O_7$), 3.0 wt.% hydrogen peroxide
($H_2O_2$), 증류수

| | |
|---|---|
| 0.050 $M$ $K_2Cr_2O_7$ 수용액 100 mL | $K_2Cr_2O_7$ (Mw = 294.185 g/mol) _____ g |
| 3.0 wt.% $H_2O_2$ 수용액 100 mL (d = 1.01 g/mL) | 30.0 wt.% $H_2O_2$ 수용액(d = 1.11 g/mL, Mw = 34.0147 g/mol) _____ mL |

[계산과정]

# 3. 실험 방법

## 4. 주의사항

## 5. 실험결과표

|  | 실험 A | 실험 B | 실험 C |
|---|---|---|---|
| $0.050\ M\ K_2Cr_2O_7$ | 10.0 mL | 10.0 mL | 20.0 mL |
| $H_2O$ | 15.0 mL | 10.0 mL | 5.0 mL |
| 3.0 wt.% $H_2O_2$ | 5.0 mL | 10.0 mL | 5.0 mL |

| $O_2$ 발생량 (mL) | 시간(s) | 시간(s) | 시간(s) |
|---|---|---|---|
| 2.00 | 0 | 0 | 0 |
| 4.00 | | | |
| 6.00 | | | |
| 8.00 | | | |
| 10.00 | | | |
| 12.00 | | | |
| 14.00 | | | |

# 실험 11. 화학 반응 속도론 결과보고서

| 실험일 | 제출함 No. | 담당교수 | 점 수 |
|--------|-----------|---------|-------|
|        |           |         |       |
| 학 과 | 학 번 | 이 름 | |
|        |           |         |       |

# I. Abstract

## II. Data

| | 실험 A | 실험 B | 실험 C |
|---|---|---|---|
| 0.050 $M$ $K_2Cr_2O_7$ | 10.0 mL | 10.0 mL | 20.0 mL |
| | $M$ | $M$ | $M$ |
| $H_2O$ | 15.0 mL | 10.0 mL | 5.0 mL |
| 3.0 wt.% $H_2O_2$ | 5.0 mL | 10.0 mL | 5.0 mL |
| | $M$ | $M$ | $M$ |

| $O_2$ 발생량 (mL) | 시간(s) | 시간(s) | 시간(s) |
|---|---|---|---|
| 2.00 | 0 | 0 | 0 |
| 4.00 | | | |
| 6.00 | | | |
| 8.00 | | | |
| 10.00 | | | |
| 12.00 | | | |
| 14.00 | | | |

## III. Results

[그래프 첨부]

| | 실험 A | 실험 B | 실험 C |
|---|---|---|---|
| 반응속도 $v$ (mL/s) | | | |
| $m$ | | | |
| $n$ | | | |
| 속도 상수 $k$ (L/$s^x M^y$) | | | |
| 반응속도법칙 | | | |

# 12 평형 상수의 결정

## I. 실험 목적

- 평형상태 및 평형상수의 의미를 이해한다.
- Le Chatelier의 원리 및 Beer-Lambert의 법칙을 이해한다.
- 착화합물인 $Fe(SCN)^{2+}$을 합성하여 평형상수 $K_c$를 실험적으로 결정한다.

## II. 실험 이론

반응물을 섞어서 적당한 조건을 만들어 주면 생성물이 만들어지기 시작한다. 그러나 이런 반응은 언제까지나 진행되지 않고, 시간이 지나면 더 이상 반응이 진행되지 않는 평형(equilibrium)에 도달하게 된다. 이런 평형 상태에서는 반응물이 소모되지도 않고, 생성물이 더 이상 만들어지지도 않아서 겉보기에는 아무런 화학 반응이 진행되고 있지 않는 것처럼 보인다. 그러나 실제로는 생성물이 만들어지는 정반응과 생성물이 다시 반응물로 되돌아가는 역반응이 정확하게 같은 속도로 일어나기 때문에 겉보기에 아무런 변화가 없는 것처럼 보이는 것이다.

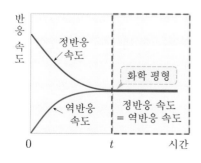

$$aA + bB \underset{V_2}{\overset{V_1}{\rightleftarrows}} cC + dD$$

$$V_1(\text{정반응 속도}) = V_2(\text{역반응 속도})$$

'계속 반응이 일어남(동적 평형 상태)'

## 1. 평형 상수

화학 반응이 평형에 도달했을 때, 반응물과 생성물의 농도는 일정한 관계를 갖게 된다. 평형에서 반응물과 생성물의 상대적인 양의 비는 **평형 상수(equilibrium constant)**라고 부르며 $K$로 나타낸다. 평형 상수는 온도에 따라 다른 값을 갖지만, 처음에 넣어준 반응물의 양에 따라서 달라지지는 않는다.

일반적인 화학반응 $a\mathrm{A} + b\mathrm{B} \rightleftharpoons c\mathrm{C} + d\mathrm{D}$의 평형 상수 $K$는 다음 식과 같이 주어진다.

$$K = \frac{[\mathrm{C}]^c [\mathrm{D}]^d}{[\mathrm{A}]^a [\mathrm{B}]^b}$$

평형 상수는 관습적으로 단위 없이 사용됨을 주의하는 것이 매우 중요하다. 평형 상수는 반응에 참여하는 물질의 비이상적인 행동을 보정하는 항을 포함하고 있다. 따라서 이 보정을 하고 나면 단위들이 서로 상쇄되어, 보정된 $K$는 단위를 갖지 않게 된다. 또한 정반응의 평형 상수는 역반응의 평형 상수의 역수가 되고, 어떤 반응의 균형 맞춘 반응식에 $n$을 곱하면, 새로운 평형식의 $n$ 승이 된다. 따라서 $K_{\mathrm{new}} = (K_{\mathrm{original}})^n$이 된다.

주어진 온도에서 평형 상수는 항상 일정한 값을 갖는다. 온도가 일정하게 정해지면 평형식으로 정의되는 반응물과 생성물의 비는 일정하지만 각 화학종의 평형 농도가 항상 일정한 것은 아니다. 각 세트의 평형 농도를 **평형 위치(equilibrium position)**라고 한다. 주어진 반응에 대해 평형 상수와 평형 위치를 구별하는 것은 매우 중요하다. 특정한 온도에서 주어진 계의 평형 상수값은 하나뿐이다. 그러나 평형의 위치는 무수히 많다. 어떤 계의 특정한 평형 위치는 초기 농도에 달려 있다. 그러나 평형상수는 초기 농도와 무관한 상수이다. $K$가 1보다 훨씬 크면, 그 반응의 계는 평형에서 대부분 생성물로 되어 있다. 즉 평형이 오른쪽으로 치우쳐 있다. 반면에 $K$값이 매우 작으면 평형에서 그 계는 대부분이 반응물로 되어 있고 평형의 위치는 왼쪽으로 치우쳐 있다. 특히 $K$의 크기와 평형에 도달하는 시간 사이에는 직접적인 관계가 없다는 사실을 꼭 이해하는 것이 중요하다. 평형에 도달하는 시간은 반응 속도에 의해 결정되며, 반응 속도는 활성화 에너지($E_a$)의 크기에 의해 결정된다. $K$의 크기는 생성물과 반응물 사이의 에너지 차이($\Delta E$)와 같은 열역학적 요인에 의해 결정된다. 이 차이를 다음 그림 21-1에 나타내었다.

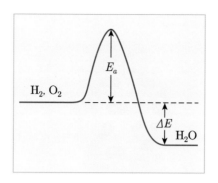

**그림 12-1** $H_2O$의 반응에너지 도표

## 2. 르 샤틀리에의 원리

화학 평형의 위치를 결정하는 요인을 이해하는 것은 중요하다. 예를 들면 어떤 화합물을 생산할 때, 원하는 생성물이 가능한 많이 얻어지는 반응 조건을 선택하려고 할 것이다. 바꾸어 말하면, 평형이 오른쪽으로 많이 치우치는 것을 원한다. 평형에 있는 계에 농도, 압력 및 온도 변화가 미치는 영향은 르 샤틀리에의 원리(Le Châtelier의 원리)를 사용하여 정성적으로 예측할 수 있다. 열역학적으로 평형에 있는 어떤 계에 변화가 가해지면, 그 변화를 감소시키려는 방향으로 평형의 위치는 이동한다. 이 원리는 때때로 상황을 지나치게 단순화시키기도 하지만, 대부분의 경우에 매우 잘 맞는다.

평형에 있는 계에 미치는 농도 변화의 영향은 다음과 같다(그림 12-2). 만일 평형(일정한 $T$와 $P$ 또는 일정한 $T$와 $V$)에 있는 반응계에 반응물이나 생성물을 가하면, 그 계는 첨가한 성분의 농도를 낮추는 방향으로 이동한다. 만일 반응물이나 생성물을 제거하면, 그 계는 제거된 성분이 생성되는 방향으로 이동한다.

기본적으로 기체 성분을 포함하는 반응계의 압력을 변화시키는 방법은 다음의 세 가지가 있다.

1) 기체 반응물 또는 생성물의 첨가 또는 제거
2) 비활성 기체(반응에 참여하지 않는)의 첨가
3) 용기의 부피 변화

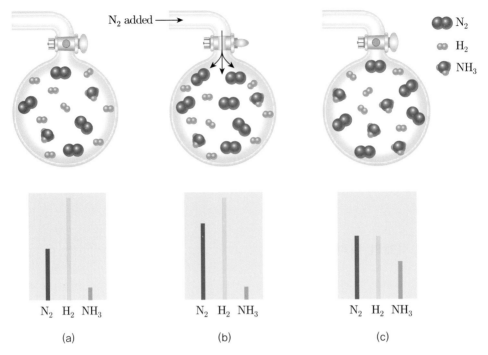

**그림 12-2** (a) 초기 평형 혼합물, (b) N₂ 첨가, (c) 새로운 평형 위치

우리는 이미 반응물이나 생성물의 첨가 또는 제거의 영향을 고려하였다. 비활성 기체의 첨가는 평형 위치에 영향이 없다. 비활성 기체의 첨가는 전체 압력을 높이지만 반응물이나 생성물의 농도와 부분압에는 아무 영향을 미치지 않는다. 용기의 부피를 변화시키면, 반응물과 생성물 모두의 농도(부분압)가 변화된다. 이 경우에는 반응지수를 계산하여 평형의 이동 방향을 예측한다. 그러나 기체 성분을 포함하는 계의 경우 부피에 초점을 맞추어 볼 수 있다. 기체 계가 들어 있는 용기의 부피를 줄이면 그 계는 자체의 부피를 줄이는 방향으로 이동한다. 이것은 그 계에 있는 기체 분자의 총수를 줄임으로써 가능하다. 예를 들어 암모니아 합성 반응에서 부피를 갑자기 줄이면 평형의 위치는 어떻게 될까? 반응 계는 분자의 수를 줄임으로써 부피를 줄일 수 있다. 이것은 반응이 오른쪽으로 이동함을 뜻한다.

$$N_2(g) + 3H_2(g) \rightleftharpoons 2NH_3(g)$$

지금까지 논의된 변화는, 평형의 위치에는 영향을 주지만 평형 상수 값은 변화시키지 않았다. 그러나 평형에 미치는 온도의 영향은 다르다. $K$값은 온도에 따라 변한다. 이 변화의 방향은 Le Châtelier의 원리를 사용하여 예측할 수 있다. 암모니아를 합성하는

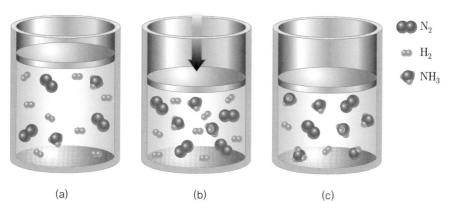

(a)                    (b)                    (c)

$N_2$
$H_2$
$NH_3$

**그림 12-3** (a) 초기 평형 혼합물, (b) 용기의 부피 감소, (c) 새로운 평형 위치

반응은 발열 반응이다. 이것은 열(에너지)을 하나의 생성물로 취급하여 다음과 같이 나타낼 수 있다.

$$N_2(g) + 3H_2(g) \rightleftharpoons 2NH_3(g) + 92\,kJ$$

만일 평형에 있는 계를 가열하여, 에너지를 가하면 Le Châtelier의 원리는 이 반응이 에너지를 소비하는 방향, 즉 왼쪽으로 이동할 것으로 예상할 수 있다. 이 이동은 $NH_3$의 농도를 감소시키고, $N_2$와 $H_2$의 농도는 증가시킨다. 따라서 $K$ 값은 감소한다. 평형에 있는 계에

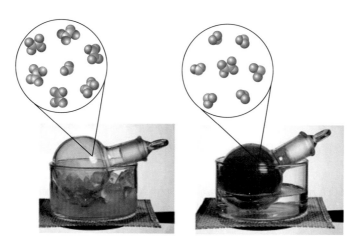

$$N_2O_4(g) \rightleftharpoons 2NO_2(g), \quad \triangle H° = 58\,kJ$$

무색            갈색

**그림 12-4** 온도에 따른 평형의 이동

미치는 온도 변화의 영향을 예측하는데 Le Châtelier의 원리를 이용하기 위해서는 에너지를 반응물(흡열 과정에서) 또는 생성물(발열 과정에서)로 다루고, 실제로 반응물이나 생성물을 첨가 또는 제거할 때와 같이 이동 방향을 예측하면 된다. 비록 Le Châtelier의 원리가 $K$의 변화량을 예측할 수는 없지만 변화의 방향은 정확히 예측한다.

　　지금까지 평형에 있는 계에 여러 종류의 변화를 가했을 때, Le Châtelier의 원리를 이용하여 그 영향을 어떻게 예측하는지 살펴보았다. 다음 표에는 여러 가지 요인이 흡열 반응의 평형 위치를 어떻게 변화시키는지 요약해보았다.

**표 12-1**　반응, $58\,\mathrm{kJ}+N_2O_4(g) \rightleftharpoons 2NO_2(g)$에 대한 평형 위치의 이동 및 평형 상수 값 변화

| 계의 변화 | 평형의 이동 | 평형 상수의 값 변화 |
|:---:|:---:|:---:|
| $N_2O_4(g)$ 첨가 | 오른쪽 | $\times$ |
| $NO_2(g)$ 첨가 | 왼쪽 | $\times$ |
| $He(g)$ 첨가 | 변화 없음 | $\times$ |
| 용기의 부피 감소 | 왼쪽 | $\times$ |
| 온도의 증가 | 오른쪽 | $\bigcirc$ |

# III. 실험 원리

　　이 실험에서는 착이온($Fe(SCN)^{2+}$)이 생성되는 반응의 평형상수를 측정한다. 실험에서 사용하는 iron(III) nitrate ($Fe(NO_3)_3$)는 수화되어 aquo complex인 $[Fe(OH_2)_6]^{3+}$ 형태를 띠며, sodium thiocyanate (NaSCN)와 반응하여 $Fe[(OH_2)_5SCN]^{2+}$을 생성한다.

$$Fe(NO_3)_3(s) \xrightarrow{\;H_2O\;} [Fe(OH_2)_6]^{3+}(aq) + 3NO_3^-(aq)$$

$$[Fe(OH_2)_6]^{3+}(aq) + SCN^-(aq) \rightleftharpoons Fe[(OH_2)_5SCN]^{2+}(aq) + H_2O(l)$$

　　위의 반응으로 생성된 화학종은 착물(complex)이다. 금속의 양이온에 몇 개의 분자 또는 이온이 결합하여 있는 물질을 착이온(complex ion) 또는 착물이라고 하는데. 금속의 양이온과 분자의 결합은 배위결합으로 되어 있고, 이 부분을 리간드(ligand)라고 하며 리간드의 수를 배위수라고 한다. 착물이 생성되는 화학반응의 평형상수를 특별히 착물의

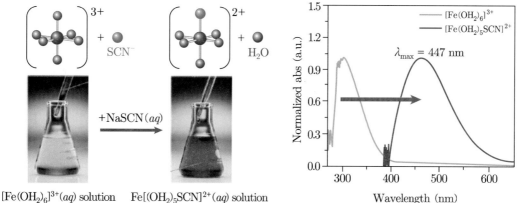

[Fe(OH₂)₆]³⁺(aq) solution    Fe[(OH₂)₅SCN]²⁺(aq) solution

형성상수(formation constant, $K_f$) 또는 안정도 상수라고 부른다. 착물은 중심 금속 이온 및 리간드에 따라 다양한 색깔은 띠는 특징이 있는데, 이는 결정장 모형(crystal field model)으로 설명할 수 있다. (자세한 설명은 실험 17에서 다루도록 하겠다.) 이 실험에서 사용하는 반응물([Fe(OH₂)₆]³⁺)과 생성물(Fe[(OH₂)₅SCN]²⁺)은 각각 다른 색을 띤다. 결합하는 리간드에 따라 색깔이 바뀌게 된 것이다.

평형상수가 평형상태의 반응물과 생성물의 농도를 연관 지어주기 때문에 평형상수를 이용하면 반응식과 초기 조건이 주어진 경우 평형상태에서 존재하는 반응물과 생성물의 농도를 구할 수 있다. (다음 반응식에서 착이온들은 간단하게 $Fe^{3+}$와 $Fe(SCN)^{2+}$으로 표기하였다.)

$$Fe^{3+}(aq) + SCN^-(aq) \rightleftharpoons Fe(SCN)^{2+}(aq)$$

$$K = \frac{[Fe(SCN)^{2+}]}{[Fe^{3+}][SCN^-]}$$

반응 전의 $Fe^{3+}(aq)$와 $SCN^-(aq)$의 몰농도를 각각 $a\,M$, $b\,M$이라고 하고, 반응이 진행되어 평형상태에 도달하였을 때 생성된 $Fe(SCN)^{2+}(aq)$의 몰농도를 $x\,M$이라고 하자. 그러면 반응 전과 평형상태에서 각 반응물과 생성물의 농도를 다음과 같이 나타낼 수 있다.

$$Fe^{3+}(aq) + SCN^-(aq) \rightleftharpoons Fe(SCN)^{2+}(aq)$$

반응 전 :       $a$          $b$          0

평형상태 :   $a-x$      $b-x$        $x$

$$K = \frac{[\text{Fe}(\text{SCN})^{2+}]}{[\text{Fe}^{3+}][\text{SCN}^-]} = \frac{x}{(a-x)(b-x)}$$

반응 초기의 각 반응물의 농도와 반응 후의 생성물 $[\text{Fe}(\text{SCN})^{2+}]$를 알면 평형상수 $K_c$를 구할 수 있다.

이 실험에서는 생성물의 농도를 분광광도계를 이용한 흡광도법으로 측정한다. Beer-Lambert 법칙(부록 A 참고)에 의하면 화학종의 농도는 흡광도에 비례하므로 흡광도를 측정하면 특정 화학종의 농도를 구할 수 있다. 실험 B에서는 넣어준 $\text{SCN}^-$이 과량의 $\text{Fe}^{3+}$에 의해 모두 착물을 형성하므로, Beer-Lambert 법칙($A = \varepsilon bc$)에 의해 $[\text{Fe}(\text{SCN})^{2+}]$와 흡광도의 그래프에서 그 기울기가 몰흡광계수($\varepsilon$)와 일치하게 된다. 실험 C에서는 $\text{Fe}^{3+}$ 이온의 초기 농도는 같지만 $\text{SCN}^-$ 이온의 초기 농도를 달리하며 반응시켜 얻어진 생성물의 농도로부터 위의 식을 이용하여 평형상수를 구한다.

## IV. 실험 기구 및 시약

1) **기구** : 100 mL 부피플라스크, 10 mL 부피플라스크, 50 mL 삼각플라스크, 피펫, 피펫펌프, 교반기, 교반자석, 시험관, 비커, 저울, 유산지, 약수저, UV-Vis 분광광도계 , cuvette, 온도계, 스포이드

2) **시약** : sodium nitrate (NaNO$_3$, Mw = 84.9947 g/mol), sodium thiocyanate (NaSCN, Mw = 81.072 g/mol), iron(III) nitrate nonahydrate (Fe(NO$_3$)$_3 \cdot$ 9H$_2$O, Mw = 404.00 g/mol), 증류수, 얼음물, 뜨거운 물

## V. 실험 방법

### 〈시약 준비〉

1) 0.100 $M$ Fe(NO$_3$)$_3$ 수용액 250 mL를 제조한다. (용액B)
2) 0.00200 $M$ Fe(NO$_3$)$_3$ 수용액 100 mL를 제조한다.
3) 0.00200 $M$ NaNO$_3$ 수용액 100 mL를 제조한다.
4) 0.00200 $M$ NaSCN 수용액 100 mL를 제조한다.

## 실험 A. Fe(SCN)$^{2+}$ 합성 및 Le Châtelier의 원리

1) 0.00200 $M$ NaNO$_3$ 수용액 2.00 mL를 50 mL 삼각플라스크에 넣는다.

2) 0.00200 $M$ Fe(NO$_3$)$_3$ 수용액 8.00 mL를 첨가한다.

3) 0.00200 $M$ NaSCN 수용액 8.00 mL를 첨가한다. 용액의 색상에 유의한다.

4) 용액을 잘 섞은 뒤, 세 개의 시험관에 같은 양으로 나누어 담는다.

5) 한 개의 시험관을 ice bath에 넣고, 한 개는 뜨거운 water bath(70~80℃)에 넣는다.

6) 약 10분 후에 상온에서의 용액과 비교한다. (시험관 안 용액의 색상으로 비교한다.)

7) Le Châtelier의 원리에 대한 지식을 바탕으로 관찰 결과를 기록한다. 어떠한 반응이 진행되었는지 관찰한다. (흡열반응 or 발열반응)


## 실험 B. Fe(SCN)$^{2+}$에 대한 Beer's Law 그래프 :
### $\lambda_{max}$=447 nm에서 $\varepsilon$값 결정

1) **용액 A를 만든다. (NaSCN + Fe(NO$_3$)$_3$ 가장 강한 착색 용액)**

   i) 0.00200 $M$ NaSCN 수용액 10.00 mL를 100 mL 부피플라스크에 넣는다.

   ii) 위에서 준비한 **용액 B(0.100 $M$ Fe(NO$_3$)$_3$ 수용액)**을 표지선까지 채운다.

2) 다음 7가지 용액 10 mL를 만들고 각 용액의 흡광도를 측정한다. (10 mL 부피플라스크 이용)

|  | 용액 A | 용액 B |
|---|---|---|
| Blank | 0 mL | 10.00 mL |
| 1 | 1.00 mL | 9.00 mL |
| 2 | 3.00 mL | 7.00 mL |
| 3 | 5.00 mL | 5.00 mL |
| 4 | 7.00 mL | 3.00 mL |
| 5 | 9.00 mL | 1.00 mL |
| 6 (가장 붉은 주황색) | 10.00 mL | 0 mL |

** UV-Vis 분광광도계 설정 (UV-Vis 분광광도계의 사용법은 부록 A 참고)

→ Photometric Mode

→ Single Wavelength

> 셀 타입 : Multi Cell, 1; 2; 3; 4; 5; 6;
>
> 측정 파장 : 447 nm

1) 위의 6개의 값에 대해 $FeSCN^{2+}$의 농도 대 흡수 Beer's Law 그래프를 만든다. (흡광도 값은 소수점 3자리까지 읽는다.)

2) 점에 가장 잘 맞는 직선을 그린다. 이 선은 수학적으로 Beer's Law 형식을 취한다. ($A = \varepsilon b c$, $b = 1.0$ cm)

## 실험 C. $Fe(SCN)^{2+}$의 형성에 대한 평형 상수

1) $Fe^{3+}$이온의 초기 농도는 같지만 $SCN^-$이온의 초기 농도가 다른 5개의 용액을 준비한다. (10 mL 부피플라스크 이용)

| | 0.00200 $M$ NaSCN | 0.00200 $M$ Fe(NO$_3$)$_3$ | 0.00200 $M$ NaNO$_3$ |
|---|---|---|---|
| Blank | 0 mL | 5.00 mL | 5.00 mL |
| 1 | 1.00 mL | 5.00 mL | 4.00 mL |
| 2 | 2.00 mL | 5.00 mL | 3.00 mL |
| 3 | 3.00 mL | 5.00 mL | 2.00 mL |
| 4 | 4.00 mL | 5.00 mL | 1.00 mL |
| 5 | 5.00 mL | 5.00 mL | 0 mL |

1) 각 용액의 $\lambda_{max}$에서의 흡광도를 측정하여 Beer's Law 그래프를 사용하여 $FeSCN^{2+}$ 평형농도를 설정한다.

2) 평형농도를 이용하여 $K_c$를 계산한다.

3) $K_c$의 평균값과 오차율을 구한다. (25℃에서 $K_c = 1.38 \times 10^2$)

**\*\* UV–Vis 분광광도계 설정** (UV–Vis 분광광도계의 사용법은 부록 A 참고)

→ Spectrum Mode

> 셀 타입 : Multi Cell, 1; 2; 3; 4; 5;
>
> 시작 파장 : 347 nm
>
> 종료 파장 : 647 nm
>
> 간격 : 10 nm

# VI. 주의사항

- 제조한 용액은 반드시 labeling하여 혼동이 없도록 한다.
- 분광광도계에 넣는 cuvette의 취급에 주의한다.
- Fe를 포함하는 용액은 반드시 **중금속 폐수통**에 버린다.

| [학번] | | [점수] |
|--------|--|--------|
| [이름] | | |

## 1. 목적

## 2. 실험 기구 및 시약

**1) 기구** : 100 mL 부피플라스크, 10 mL 부피플라스크, 50 mL 삼각플라스크, 피펫,
피펫펌프, 교반기, 교반자석, 시험관, 비커, 저울, 유산지, 약수저, UV−Vis
분광광도계, cuvette, 온도계, 스포이드

**2) 시약** : sodium nitrate ($NaNO_3$, Mw = 84.9947 g/mol), sodium thiocyanate (NaSCN,
Mw = 81.072 g/mol), iron(III) nitrate nonahydrate ($Fe(NO_3)_3 \cdot 9H_2O$,
Mw = 404.00 g/mol), 증류수, 얼음물, 뜨거운 물

| 0.100 $M$ $Fe(NO_3)_3$ 수용액 250 mL | $Fe(NO_3)_3 \cdot 9H_2O$(Mw = 404.00 g/mol) _____ g |
|---|---|
| 0.00200 $M$ $Fe(NO_3)_3$ 수용액 100 mL | 0.100 $M$ $Fe(NO_3)_3$ 수용액 _____ mL를 희석시켜 만든다. |
| 0.00200 $M$ $NaNO_3$ 수용액 100 mL | 0.100 $M$ $NaNO_3$ 수용액 _____ mL를 희석시켜 만든다. |
| 0.00200 $M$ NaSCN 수용액 100 mL | 0.100 $M$ NaSCN 수용액 _____ mL를 희석시켜 만든다. |

[계산과정]

# 3. 실험 방법

## 4. 주의사항

## 5. 실험결과표

### ■ 실험 A. Fe(SCN)$^{2+}$ 합성 및 Le Châtelier의 원리

| 시험관 | | 색상 비교 | 흡열/발열 반응 |
|---|---|---|---|
| 1 | 뜨거운 water bath | | |
| 2 | 상온 | | |
| 3 | ice bath | | |

### ■ 실험 B. Fe(SCN)$^{2+}$에 대한 Beer's Law 그래프 : 447 nm에서 $\varepsilon$값 결정

| 용액 A 제조 | | 0.00200 $M$ NaSCN 10 mL + 용액 B 90 mL | |
|---|---|---|---|
| 용액 B 제조 | | 0.100 $M$ Fe(NO$_3$)$_3$ 수용액 | |
| 시험관 | 용액 A | 용액 B | 흡광도 |
| Blank | 0 mL | 10.00 mL | — |
| 1 | 1.00 mL | 9.00 mL | |
| 2 | 3.00 mL | 7.00 mL | |
| 3 | 5.00 mL | 5.00 mL | |
| 4 | 7.00 mL | 3.00 mL | |
| 5 | 9.00 mL | 1.00 mL | |
| 6 | 10.00 mL | 0 mL | |

### ■ 실험 C. Fe(SCN)$^{2+}$의 형성에 대한 평형 상수

| 시험관 | 0.00200 $M$ NaSCN | 0.00200 $M$ Fe(NO$_3$)$_3$ | 0.00200 $M$ NaNO$_3$ | 흡광도 |
|---|---|---|---|---|
| Blank | 0 mL | 5.00 mL | 5.00 mL | — |
| 1 | 1.00 mL | 5.00 mL | 4.00 mL | |
| 2 | 2.00 mL | 5.00 mL | 3.00 mL | |
| 3 | 3.00 mL | 5.00 mL | 2.00 mL | |
| 4 | 4.00 mL | 5.00 mL | 1.00 mL | |
| 5 | 5.00 mL | 5.00 mL | 0 mL | |

# 실험 12. 평형 상수의 결정 결과보고서

| 실험일 | 제출함 No. | 담당교수 | 점  수 |
|--------|-----------|---------|--------|
|        |           |         |        |
| 학  과 | 학  번 | 이  름 | |
|        |        |        | |

## I. Abstract

## II. Data & Results

■ 실험 A. Fe(SCN)$^{2+}$ 합성 및 Le Châtelier의 원리

| 시험관 | | 색상 비교 | 평형 이동<br>(오른쪽/왼쪽) | 흡열/발열 반응 |
|---|---|---|---|---|
| 1 | 뜨거운 water bath | | | |
| 2 | 상온 | | | |
| 3 | ice bath | | | |

■ 실험 B. Fe(SCN)$^{2+}$에 대한 Beer's Law 그래프 : 447nm에서 $\varepsilon$값 결정

| | 용액 A 제조 | | 0.00200 M NaSCN 10 mL + 용액 B 90 mL | | |
|---|---|---|---|---|---|
| | 용액 B 제조 | | 0.100 $M$ Fe(NO$_3$)$_3$ | | |
| 시험관 | 용액 A | 용액 B | [Fe(SCN)$^{2+}$] | 흡광도 | $\varepsilon_{447nm}$ |
| 1 | 1.00 mL | 9.00 mL | | | |
| 2 | 3.00 mL | 7.00 mL | | | |
| 3 | 5.00 mL | 5.00 mL | | | |
| 4 | 7.00 mL | 3.00 mL | | | |
| 5 | 9.00 mL | 1.00 mL | | | |
| 6 | 10.00 mL | 0 mL | | | |

[실험 B. 그래프 첨부]

[실험 C. 흡광도 그래프 첨부]

■ 실험 C. Fe(SCN)$^{2+}$의 형성에 대한 평형 상수 (이론값 K$_c$ = 1.38 x 10$^2$, 25℃)

| 시험관 | [SCN$^-$]<br>초기 농도<br>(10$^{-4}$ $M$) | [SCN$^-$]<br>평형 농도<br>(10$^{-4}$ $M$) | [Fe$^{3+}$]<br>초기 농도<br>(10$^{-4}$ $M$) | [Fe$^{3+}$]<br>평형 농도<br>(10$^{-4}$ $M$) | 흡광도 | [Fe(SCN)$^{2+}$]<br>평형 농도<br>(10$^{-4}$ $M$) | $K_c$ |
|---|---|---|---|---|---|---|---|
| 1 | | | | | | | [평균값] |
| 2 | | | | | | | |
| 3 | | | | | | | |
| 4 | | | | | | | [오차율] |
| 5 | | | | | | | |

# 13 지시약의 산 해리 상수

## I. 실험 목적

- 용액에 존재하는 지시약의 산성 형태와 염기성 형태의 농도를 Beer-Lambert 법칙에 기반하여 분광광도계를 통해 확인한다.
- Henderson hasselbalch equation을 이용하여 지시약의 산해리 상수를 구한다.

## II. 실험 이론

산-염기 적정에서 종말점을 알아내기 위해서 사용하는 지시약은 그 자체가 산 또는 염기로서 양성자성 화학종에 따라 각각 다른색을 띠게 된다. 산이 하나의 색을 나타내고, 염기가 또 다른 색을 나타내는 Brönsted-Lowry 짝산-짝염기의 쌍이다. 산-염기 적정의 당량점에서 용액의 pH는 산과 염기의 종류에 따라서 다르다. 센 산을 센 염기로 적정할 때는 당량점에서 용액은 중성 (pH~7)이지만, 약산을 센 염기로 적정할 때는 당량점에서 용액이 염기성을 나타내고, 센 산을 약염기로 적정할 때는 산성 용액이 된다. 여기서 주의해야 할 점은 당량점에서 용액의 pH는 산과 염기의 종류에 따라서 다르다는 것이다. 따라서 당량점 용액의 pH에서 색깔이 변하는 지시약을 선택해야만 실험에서의 종말점이 실제 당량점에 가깝게 되어 적정의 불확실도를 줄일 수 있다. 이번 실험에서 사용하는 지시약은 브로모페놀블루 (bromophenol blue, BPB)이며 두 가지 형태(산성형과 염기성형) 사이의 평형 반응은 다음 그림 13-1과 같이 나타낼 수 있다.

이러한 형태의 변화는 모든 산-염기 지시약에 대하여 비슷하고 따라서 어느 지시약이든 산성형을 HInd, 염기성형을 Ind⁻ 의 약자로 사용한다. 그러므로 지시약의 반응식은 다음과

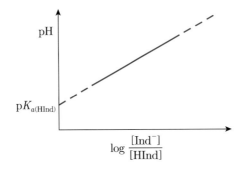

**그림 13-1** Bromophenol Blue의 평형 반응

같이 간단하게 나타낼 수 있다.

$$HInd(산성형) \rightleftharpoons Ind^-(염기성형) + H^+$$

용액의 $[H^+]$가 커지면 르샤틀리에의 원리에 따라 평형이 왼쪽으로 이동하기 때문에 산성형의 농도가 증가하고 용액은 산성형의 색깔을 나타내게 된다. 그러나 용액의 $[H^+]$가 평형상태보다 감소하면 평형이 오른쪽으로 이동하기 시작하여 염기성인 $Ind^-$의 농도가 증가하고 $Ind^-$의 색깔이 나타내게 된다. 여기서 평형상태에서의 상수를 $K_{a(HInd)}$라고 하며 다음과 같은 식으로 나타낼 수 있다.

$$K_{a(HInd)} = \frac{[H^+][Ind^-]}{[HInd]}$$

이 식의 양변에 대수를 취하고 변형하면 다음과 같은 식이 얻어진다.

$$pK_{a(HInd)} = pH - \log\frac{[Ind^-]}{[HInd]}$$

$$pH = \log\frac{[Ind^-]}{[HInd]} + pK_{a(HInd)}$$

용액의 [H$^+$]에 대수를 취한 형태인 pH는 용액의 산성도를 가늠하는 척도로 사용된다. 그러므로 수소이온 농도 역수의 상용로그 값은 아래와 같이 수소이온 농도의 상용로그 값의 음수 값으로 나타낼 수 있다. 일반적으로 용액의 수소이온 농도는 매우 작은 값으로 pH라는 지수를 도입하여 간단한 숫자로 용액의 산성도를 나타낸다.

$$pH = \log_{10}\left(\frac{1}{H^+}\right) = -\log_{10}[H^+]$$

Henderson–Hasselbalch 식은 지시약의 색깔이 변하는 pH를 알아내는 데 매우 유용하다. 예를 들면 위의 일반적인 지시약 HInd의 $K_a$식에 적용하면 다음과 같다.

$$pH = pK_a + \log\frac{[Ind^-]}{[HInd]}$$

여기에서 $K_a$는 산성형태(HInd) 지시약에 대한 해리 상수이다. 색깔 변화는 다음과 같은 때 눈에 보인다고 가정했다.

$$\frac{[Ind^-]}{[HInd]} = \frac{1}{10}$$

색깔 변화가 일어나는 pH를 결정하는 데에는 다음과 같은 식을 사용한다.

$$pH = pK_a \pm \log\frac{1}{10} = pK_a \pm 1$$

| 지시약 | 색 변화 | | 변색 pH |
|---|---|---|---|
| Thymol blue | Red | yellow | 1.2~2.8 |
| Methyl orange | Red | yellow | 3.2~4.4 |
| Bromocresol green | Yellow | blue | 3.8~5.4 |
| Methyl purple | Violet | green | 4.8~5.4 |
| Methyl red | Red | yellow | 4.8~6.0 |
| Bromocresol blue | Yellow | blue | 6.0~7.6 |
| Thymol blue | Yellow | blue | 8.0~9.6 |
| Phenolphthalein | Colorless | pink | 8.2~10.0 |
| Alizarin yellow | Yellow | red | 10.1~12.0 |
| Bromophenol Blue | Yellow | blue | 3.0~4.6 |

pH 8.2   pH 10.0
Phenolphthalein

pH 3.2   pH 4.4
Methyl orange

pH 6.0   pH 7.6
Bromocresol blue

pH 4.8   pH 5.4
Methyl purple

**그림 13-2** 일반적인 지시약의 유용한 pH 범위

즉, 해리상수 $K_a$인 전형적인 산–염기 지시약의 경우 색깔 변화는 $\mathrm{p}K_a \pm 1$로 주어진 pH 범위에서 일어난다. 몇 가지 일반적인 지시약의 유용한 pH 범위를 그림 13–2에 나타내었다.

## III. 실험 원리

이 실험에서는 분광광도계를 사용해서 용액의 pH를 바꾸어 가면서 HInd와 $\mathrm{Ind}^-$의 농도를 측정하여 pH와 $\log([\mathrm{Ind}^-]/[\mathrm{HInd}])$의 그래프를 그리면 $\log([\mathrm{Ind}^-]/[\mathrm{HInd}])$의 값이 0 ($[\mathrm{Ind}^-]=[\mathrm{HInd}]$)이 되는 pH가 $\mathrm{p}K_{a(\mathrm{HInd})}$에 해당한다.

산성형과 염기성형은 색깔이 다르기 때문에 흡광도가 최대가 되는 빛의 파장이 다르다. 만약 염기성형의 흡광도가 가장 큰 파장에서 산성형의 흡광도가 무시할 수 있을 정도로 작은 경우에는 염기성형의 흡광도를 측정 함으로써 산성형과 염기성형의 농도를 모두 계산할 수 있다. 용액 속에 들어있는 화합물의 농도는 Beer–Lambert 법칙(부록 A 참고)에 따라 동일한 파장에서 측정한 흡광도에 비례한다. 위의 그래프는 BPB의 흡광도를 pH 1과 pH 13에서 얻은 것이다. 이를 보면 산성 형태는 436 nm에서 흡광도를 가지는 것을 볼 수 있는 반면, 592 nm에서 흡광도가 거의 없는 것을 관찰할 수 있다. 따라서, 아래의 흡수 스펙트럼과 $\varepsilon_{592\,\mathrm{nm}} = 28300\ \mathrm{L/mol \cdot cm}$로부터 염기성형의 농도를 계산하여 결과처리를 하면 될 것이다.

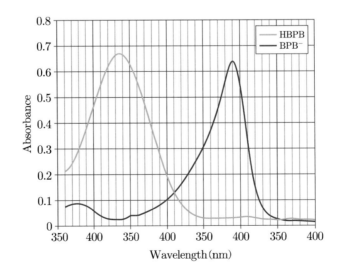

# IV. 실험 기구 및 시약

**1) 기구** : 100 mL 부피플라스크, 피펫, 피펫펌프, 비커, 50 mL 삼각플라스크, 교반기, 교반자석, 저울, 유산지, 약수저, pH meter, UV-Vis분광광도계, cuvette, 스포이드

**2) 시약** : 브로모페놀블루(BPB) 저장용액(강사 준비), sodium acetate anhydrous (CH$_3$COONa, Mw = 82.03 g/mol), acetic acid (CH$_3$COOH, p$K_a$ = 4.76, density = 1.049 g/mL (25℃), Mw = 60.05 g/mol)

## ** 브로모페놀블루(BPB) 저장용액 제조 및 농도 결정

- 사용되는 BPB용액은 저농도의 용액이기 때문에 만든 후 흡광 광도계를 통해 농도를 결정한다. 강사는 실험이 시작되기 전에 BPB용액 제조 및 농도를 결정한 후 학생들에게 알려준다.

- BPB 저장용액 제조법

① 1.0 $M$ NaOH용액 제조

② 250 mL 부피플라스크를 이용하여 BPB 0.168 g과 0.010 $M$ NaOH용액 15 mL를 넣고 흔들어 녹인 후 증류수를 이용하여 표선까지 묽힌다. (만들어진 용액을 학생들이 사용한다.)

③ 1.0 mL의 BPB용액에 1.0 $M$ NaOH용액 19 mL를 넣어 20배로 묽힌 염기성 용액을 제조한다. (높은 pH에 의해 $\lambda_{592nm}$ 값의 구조만 나타난다.)

④ 분광 광도계를 아용해 ③의 흡광도를 구하고 Beer-Lambert식에 대입하여 농도를 구한다. ($\varepsilon_{592nm}$ = 28300 L/mol·cm)

⑤ 구한 농도에 20을 곱하여 저장용액의 농도를 구한다.


# V. 실험 방법

1) pH 3.4, 3.7, 4.0, 4.3, 4.6인 완충용액(buffer solution)을 준비한다. 100 mL 부피 플라스크에 피펫을 이용하여 다음과 같이 시료를 넣고 부피 플라스크의 표선까지 증류수를 채우고 pH를 확인한다.

| pH | Sodium acetate anhydrous (g) | Acetic acid (mL) |
|---|---|---|
| 3.4 | | 13.75 |
| 3.7 | | 6.89 |
| 4.0 | 0.86 g<br>(0.0105 mol) | 3.45 |
| 4.3 | | 1.73 |
| 4.6 | | 0.86 |

2) 50 mL 삼각플라스크를 5개 준비하여 준비된 완충 용액의 pH를 적어 놓는다.

3) 각각의 삼각플라스크에 BPB 저장용액 1.00 mL씩 넣은 후 각각의 완충용액을 19.00 mL씩 넣어서 잘 섞어주고 지시약의 색 변화를 관찰한다.

4) 각각의 용액을 분광 광도계를 이용하여 흡수 스펙트럼을 얻는다.

** UV-Vis 분광광도계 설정 (UV-Vis 분광광도계의 사용법은 부록 A 참고)

→ Spectrum Mode

> 셀 타입 : Multi Cell, 1; 2; 3; 4; 5;
>
> 시작 파장 : 302 nm
>
> 종료 파장 : 692 nm
>
> 간격 : 10 nm

5) 염기성형 구조에서 나타나는 흡광도($A_{592nm}$)와 몰흡광계수($\varepsilon$)를 이용하여 각각의 완충용액에서의 산성형과 염기성형 농도를 계산한다.

6) pH vs. log ([Ind$^-$]/[HInd])의 그래프를 그려서 $K_{a(HInd)}$를 결정한다.

# VI. 주의사항

• pH meter와 분광광도계의 조작 순서를 확실히 숙지한다.

• Cuvette 사용시 흠집이 나거나 오염이 되지 않도록 주의한다.

• 진한 산과 염기는 절대 손에 닿지 않도록 조심하며 반드시 보안경과 장갑을 착용하도록 한다.

• Cuvette 취급 시 빛이 지나가는 부분은 손으로 만지지 않는다.

| [학번] | | [점수] |
|---|---|---|
| [이름] | | |

## 1. 목적

## 2. 실험 기구 및 시약

**1) 기구** : 100 mL 부피플라스크, 피펫, 피펫펌프, 비커, 50 mL 삼각플라스크, 교반기, 교반자석, 저울, 유산지, 약수저, pH meter, UV-Vis 분광광도계, cuvette, 스포이드

**2) 시약** : 브로모페놀블루(BPB) 저장용액, sodium acetate anhydrous ($CH_3COONa$), acetic acid ($CH_3COOH$)

## 3. 실험 방법

## 4. 주의사항

## 5. 실험결과표

| pH | pH<br>(실제 측정값) | 흡광도 $A_{592nm}$ | $[BPB_0^-]$ |
|---|---|---|---|
| 3.4 | | | |
| 3.7 | | | |
| 4.0 | | | |
| 4.3 | | | |
| 4.6 | | | |

# 실험 13. 지시약의 산 해리 상수 결과보고서

| 실험일 | 제출함 No. | 담당교수 | 점 수 |
|---|---|---|---|
|  |  |  |  |
| 학 과 | 학 번 | 이 름 |  |
|  |  |  |  |

## I. Abstract

## II. Data

| pH | pH<br>(실제 측정값) | 흡광도 $A_{592nm}$ | $[BPB_0^-]$ |
|---|---|---|---|
| 3.4 | | | |
| 3.7 | | | |
| 4.0 | | | |
| 4.3 | | | |
| 4.6 | | | |

## III. Results

■ $A = \varepsilon bc$ $(b = 1.0 \text{ cm},\ \varepsilon_{592nm} = 28300 \text{ L/mol} \cdot \text{cm})$

| pH | pH<br>(실제 측정값) | 흡광도<br>$A_{592nm}$ | $[Ind^-]$<br>$= A_{592nm}/b \cdot \varepsilon_{592nm}$ | $[HInd]$<br>$=[BPB_0^-]-[Ind^-]$ | $\log([Ind^-]$<br>$/[HInd])$ |
|---|---|---|---|---|---|
| 3.4 | | | | | |
| 3.7 | | | | | |
| 4.0 | | | | | |
| 4.3 | | | | | |
| 4.6 | | | | | |

■ BPB의 산해리상수 $K_{a(HInd)}$

| [그래프 첨부] | [흡광도 그래프 첨부] |
|---|---|
| | |

| 기울기 | | $pK_{HInd}$(이론값) | | $K_{HInd}$ | |
|---|---|---|---|---|---|
| y절편 | | $pK_{HInd}$ | | | |
| 결정계수(R$^2$) | | $pK_{HInd}$오차율(%) | | | |

# 14 완충 용액의 이해

## I. 실험 목적

- Henderson-Hasselbalch equation 으로부터 완충 용액의 원리와 작용을 이해한다.
- 완충 용액의 pH는 완충 성분의 농도 비율에 의존함을 확인한다.

## II. 실험 이론

**완충 용액(buffer solution)**은 약산과 그 약산의 염, 약염기와 그 약염기의 염을 포함하는 용액이며, 소량의 산이나 염기를 첨가하여도 pH 변화에 저항하는 능력을 가진 용액이다. 완충제(buffer)는 화학적 및 생물학적으로 매우 중요하다. 예를 들면, 혈액의 pH는 약 7.4이고 위액의 pH는 약 1.5이다. 효소의 적절한 기능과 삼투압의 균형에 중요한 pH 값은 대부분 완충 용액에 의하여 유지된다.

완충 용액은 첨가한 $OH^-$ 이온과 반응할 수 있도록 비교적 큰 농도의 산을 포함하고 있어야 하며, 또한 첨가한 $H^+$ 이온과도 반응하도록 충분한 농도의 염기를 포함하고 있어야 한다. 더욱이 완충제의 산과 염기 성분들은 중화 반응에서 서로 소비되지 않아야 한다. 이들 요건은 산-염기쌍, 즉 약산과 그 짝염기 또는 약염기와 그 짝산(짝염기와 짝산은 염으로서 공급된다)에 의하여 충족된다.

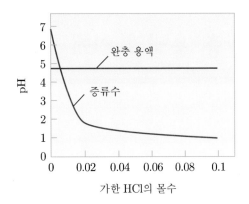

**그림 14-1** 완충 용량 범위 내에서 산 첨가에 따른 용액의 pH 변화

어떤 약산 HA가 수용액 중에서 부분적으로 해리되어 소량의 $H^+$ 이온을 형성 할 때 화학 반응은 다음과 같다.

$$HA\,(aq) \rightleftarrows H^+(aq) + A^-\,(aq) \qquad K_a$$

또한 물에 녹아 HA의 짝염기인 $A^-$를 생성하는 강전해질 NaA는 완전히 해리되어 다음과 같은 반응으로 가수분해한다.

$$NaA\,(s) \rightleftarrows Na^+(aq) + A^-\,(aq)$$

만약 HA와 NaA가 같은 용액에 함께 녹아 있으면 두 화합물은 해리되어 모두 공통이온 (common ion)인 $A^-$을 생성할 수 있다. NaA는 강전해질이므로 용액에서 완전히 해리되지만, 약산인 HA는 부분적으로 해리된다. 이러한 용액에 존재하는 화학종들의 평형은 HA의 해리에 의한 평형에 과량의 $A^-$이 첨가되어 평형이 교란된 것으로 설명 할 수 있다. 따라서 Le Châtelier의 원리에 의하여 평형은 반응물 쪽으로 이동하여 HA의 해리는 억제되고 $H^+$ 이온 농도는 감소한다. 이와 같은 현상을 **공통 이온 효과**(common ion effect)라고 한다.

만약 HA와 $A^-$이 평형을 이루고 있는 계에 산을 첨가하여 $H^+$ 이온 농도를 증가시켜주면 평형은 $H^+$를 감소시키는 방향인 반응물 쪽으로 이동하며, 염기를 첨가하여 $OH^-$ 이온을 공급하면 $H^+$ 이온과 중화반응(neutralization reaction)을 하여 물을 형성하므로 평형은 $H^+$을 증가시키는 방향인 생성물 쪽으로 이동하여 제거된 $H^+$ 이온을 보충하게 된다. 이와 같은 현상을 이용하여 평형이 이루어진 용액에 가해지는 외부자극(산 또는 염기의 유입)에 저항하여 pH 변화가 적은 용액을 만들 수 있다.

약산 HA 및 NaA와 같은 약산의 가용성 염을 포함하는 완충 용액의 pH를 다음과 같이 계산할 수 있다. 약산의 산해리 상수($K_a$)는 다음과 같이 표현된다.

$$K_a = \frac{[H^+][A^-]}{HA}$$

식을 $[H^+]$에 대해 풀고 양변에 음의 상용로그를 취하면 식은 다음과 같이 바뀐다.

$$-\log[H^+] = -\log K_a + \log\frac{[A^-]}{[HA]}$$

위 식은 다음과 같이 정리되며, 이 식을 Henderson–Hasselbalch 식이라고 부른다.

$$pH = pK_a + \log\frac{[A^-]}{[HA]}$$

따라서 완충 용액의 pH는 $pK_a$와 약산과 그 짝염기의 농도를 알면 쉽게 구할 수 있다. 완충 용액이 효과적으로 작용하는 pH 범위(완충 범위)는 $pK_a$의 값에 가까운 범위이며 흔히 pH 범위는 $pK_a \pm 1.00$ 범위를 사용한다. **완충 용량(buffer capacity)**, 곧 완충 용액의 효능은 완충 용액을 만든 산 [HA]와 짝염기 [A⁻]의 크기로 결정된다. 완충 성분이 많을수록 완충 용량은 커진다.

## III. 실험 원리

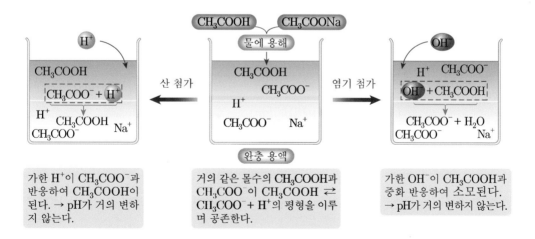

가한 H⁺이 CH₃COO⁻과 반응하여 CH₃COOH이 된다. → pH가 거의 변하지 않는다.

거의 같은 몰수의 CH₃COOH과 CH₃COO⁻이 CH₃COOH ⇌ CH₃COO⁻ + H⁺의 평형을 이루며 공존한다.

가한 OH⁻이 CH₃COOH과 중화 반응하여 소모된다. → pH가 거의 변하지 않는다.

산성 영역에서 간단한 완충 용액은 아세트산($CH_3COOH$)과 그 염인 아세트산 소듐($CH_3COONa$)을 물에 가하여 만들 수 있다. 산과 짝염기($CH_3COONa$) 각각의 평형 농도는 초기 농도와 같다고 가정할 수 있다. 이들 두 물질을 포함하는 용액은 첨가한 산이나 염기를 중화할 수 있는 능력을 가지고 있다.

$$CH_3COOH(aq) \rightleftharpoons CH_3COO^-(aq) + H^+(aq)$$

만약 염기를 완충계에 가한다면, 완충제 중의 산에 의하여 $OH^-$ 이온이 중화될 것이다. 반응의 알짜 결과는 $OH^-$ 이온이 축적되지 않고, $CH_3COO^-$ 이온으로 대체된다고 볼 수 있다.

$$CH_3COOH(aq) + OH^-(aq) \rightarrow CH_3COO^-(aq) + H_2O(l)$$

이런 조건에서 pH의 안정성은 아세트산의 해리에 대한 평형식을 살펴보면 이해할 수 있다.

$$K_a = \frac{[H^+][CH_3COO^-]}{[CH_3COOH]} \rightarrow [H^+] = K_a \frac{[CH_3COOH]}{[CH_3COO^-]}$$

$H^+$의 평형 농도, 즉 pH는 $[CH_3COOH]/[CH_3COO^-]$의 비에 의해 결정된다. $OH^-$ 이온을 첨가하면 아세트산이 $CH_3COO^-$으로 바뀌고 $[CH_3COOH]/[CH_3COO^-]$의 비는 감소한다. 그렇지만, 원래의 아세트산과 $CH_3COO^-$의 농도가 가해준 $[OH^-]$에 비해 상당히 많으면 $[CH_3COOH]/[CH_3COO^-]$의 비율의 변화는 작을 것이다.

만약 산을 가한다면, 완충제 중의 짝염기 $CH_3COO^-$에 의하여 다음의 식 (13.1)에 따라서 $H^+$ 이온이 소비될 것이다. 이 경우 $CH_3COO^-$가 아세트산으로 알짜 변화가 일어난다. 그러나, 아세트산과 $CH_3COO^-$의 농도가 가해준 $[H^+]$에 비해 크면 pH의 변화는 거의 없을 것이다.

$$CH_3COO^-(aq) + H^+(aq) \rightarrow CH_3COOH(aq) \tag{13.1}$$

완충 작용의 핵심은 첨가된 산이나 염기의 양에 비해 [HA]와 $[A^-]$의 양이 크다는 점이다. 그러므로 산이나 염기가 첨가될 때, [HA]와 $[A^-]$가 변하기는 하지만 약간만 변화한다. 이런 조건에서는 $[HA]/[A^-]$의 비, 즉 $[H^+]$은 실질적으로 일정하다.

$$HA(aq) \rightleftharpoons H^+(aq) + A^-(aq)$$

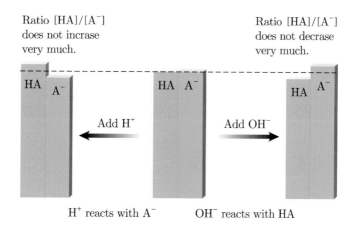

Ratio [HA]/[A⁻] does not incrase very much.

Ratio [HA]/[A⁻] does not decrase very much.

HA    A⁻

HA  A⁻

HA    A⁻

Add H⁺

Add OH⁻

H⁺ reacts with A⁻          OH⁻ reacts with HA

# IV. 실험 기구 및 시약

**1) 기구** : 100 mL 부피플라스크, 피펫, 피펫펌프, 비커, 교반기, 교반자석, 저울, 유산지, 약수저, pH meter

**2) 시약** : 증류수, 0.010 $M$ hydrochroic acid (HCl), 2.0 $M$ acetic acid (CH₃COOH, d = 1.049 g/mL), 2.0 $M$ sodium acetate anhydrous (CH₃COONa), 2.0 $M$ sodium hydroxide (NaOH), 미지농도의 NaOH 수용액

# V. 실험 방법

## 〈시약 준비〉

1) 100 mL 부피플라스크를 이용하여 0.010 $M$ HCl 용액, 2.0 $M$ NaOH 용액, 2.0 $M$ CH₃COOH 용액, 2.0 $M$ CH₃COONa 수용액을 각각 만들어 준비한다.

2) pH meter의 전원 옵션을 변경하고 보정한다. (부록B 참고)

## 실험 A. 완충 용액 제조

1) 100 mL 부피플라스크에 2.0 $M$ CH₃COOH 용액, 2.0 $M$ CH₃COONa 용액을 넣고 증류수를 눈금까지 채워 3가지 완충 용액을 만든다.

| | 2.0 $M$ CH$_3$COOH 용액 | 2.0 $M$ CH$_3$COONa 용액 | 용액 전체 부피 |
|---|---|---|---|
| 완충용액 1 | 2.50 | 7.50 | 100.0 |
| 완충용액 2 | 5.00 | 5.00 | 100.0 |
| 완충용액 3 | 7.50 | 2.50 | 100.0 |

## 실험 B. 완충 용액의 pH 변화 관찰

1) 실험 A에서 제조된 3개의 완충 용액과 0.010 $M$ HCl 용액, 증류수까지 5 종류의 수용액을 30.0 mL씩 취해 각각의 비커에 옮긴 후 각 용액의 pH를 측정한다. (예상 pH와 비교한다)
2) 각 용액에 2.0 $M$ NaOH 0.50 mL를 첨가하여 혼합한 후 pH를 다시 측정하여 pH 변화를 살펴본다. (완충 용량을 확인한다)
3) 각 용액(2)에 2.0 $M$ NaOH 0.50 mL를 추가로 첨가하여 혼합한 후 pH를 다시 측정하여 pH 변화를 살펴본다.

## 실험 C. 첨가한 NaOH의 농도 구하기

1) 실험 A에서 제조된 완충 용액 2를 30.0 mL 취해서 비커에 옮긴 후 용액의 pH를 측정한다.
2) 용액에 미지의 농도를 갖는 NaOH 수용액 0.80 mL를 첨가하여 혼합한 후 pH를 다시 측정한다. (이후 pH 변화를 확인하고, 이를 통해 미지의 농도를 구한다)

# VI. 주의사항

- pH meter 전극 세척시, 반드시 증류수만을 사용하며, 세척은 증류수를 가볍게 흘려주면서 세척한다. (전극 자체를 휘젓지 않는다)
- pH meter 전극 세척 후 물기는 가볍게 휴지로 감싸는 형식으로 닦아 내며, 전극 끝부분을 직접 손으로 만지지 않도록 주의한다.
- 산(HCl, CH$_3$COOH)과 염기(NaOH)는 절대 손에 닿지 않도록 주의하며 반드시 장갑을 착용하고 사용하도록 한다.
- HCl과 CH$_3$COOH 시약은 반드시 후드 안에서 사용하도록 한다.

## 실험 14. 완충 용액의 이해

## 1. 목적

## 2. 실험 기구 및 시약

**1) 기구** : 100 mL 부피플라스크, 피펫, 피펫펌프, 비커, 교반기, 교반자석, 저울, 유산지, 약수저, pH meter

**2) 시약** : 증류수, 0.010 $M$ hydrochroic acid (HCl), 2.0 $M$ acetic acid (CH$_3$COOH, d = 1.049 g/mL), $M$ sodium acetate anhydrous (CH$_3$COONa), 2.0 $M$ sodium hydroxide (NaOH), 미지농도의 NaOH 수용액

| | |
|---|---|
| 2.0 $M$ CH$_3$COOH 수용액 100 mL | CH$_3$COOH (d = 1.049 g/mL, Mw = 60.05 g/mol) _____ mL |
| 2.0 $M$ CH$_3$COONa 수용액 100 mL | CH$_3$COONa (Mw = 82.0343 g/mol) _____ g |
| 0.010 $M$ HCl 수용액 100 mL | 0.10 $M$ HCl 수용액 _____ mL를 희석시켜 만든다. |
| 2.0 $M$ NaOH 수용액 100 mL | NaOH (Mw = 39.997 g/mol) _____ g |

[계산과정]

## 3. 실험 방법

**4. 주의사항**

## 5. 실험결과표

■ 실험 B. 완충 용액의 pH변화 관찰

| | | 완충 용액 1 | 완충 용액 2 | 완충 용액 3 | 0.010 $M$ HCl 수용액 | 증류수 |
|---|---|---|---|---|---|---|
| | | 2.0 $M$ CH$_3$COOH 2.50 mL<br>2.0 $M$ CH$_3$COONa 7.50 mL<br>+ 증류수 | 2.0 $M$ CH$_3$COOH 5.00 mL<br>2.0 $M$ CH$_3$COONa 5.00 mL<br>+ 증류수 | 2.0 $M$ CH$_3$COOH 7.50 mL<br>2.0 $M$ CH$_3$COONa 2.50 mL<br>+ 증류수 | | |
| | pH | | | | | |
| 2.0 $M$ NaOH 수용액 첨가 후 pH | 0.50 mL 첨가 | | | | | |
| | 1.00 mL 첨가 | | | | | |

■ 실험 C. 첨가한 NaOH 농도 구하기

| | |
|---|---|
| 완충 용액 2의 pH | |
| NaOH 수용액 첨가 후 pH | |
| pH 변화 | |

# 실험 14. 완충 용액의 이해 결과보고서

| 실험일 | 제출함 No. | 담당교수 | 점 수 |
|---|---|---|---|
|  |  |  |  |
| 학 과 | 학 번 | 이 름 | |
|  |  |  | |

## I. Abstract

## II. Data & Results

■ 실험 B. 완충 용액의 pH변화 관찰(acetic acid $K_a = 1.754 \times 10^{-5}$)

| | | 완충 용액 1 | 완충 용액 2 | 완충 용액 3 | 0.010 $M$ HCl 수용액 | 증류수 |
|---|---|---|---|---|---|---|
| pH | 예상 | | | | | |
| | 관찰 | | | | | |
| | 오차율 (%) | | | | | |
| 2.0 $M$ NaOH 수용액 첨가 후 pH | 0.50 mL 첨가 | 예상 | | | | | |
| | | 관찰 | | | | | |
| | | pH 변화량의 오차율 (%) | | | | | |
| | 1.00 mL 첨가 | 예상 | | | | | |
| | | 관찰 | | | | | |
| | | pH 변화량의 오차율 (%) | | | | | |

■ 실험 C. 첨가한 NaOH 농도 구하기

| | |
|---|---|
| 완충 용액 2의 pH | |
| NaOH 수용액 첨가 후 pH | |
| pH 변화 | |
| NaOH 수용액의 농도 | |

# 15 질산 포타슘의 용해열 측정

## I. 실험 목적

- 질산 포타슘($KNO_3$)의 온도에 따른 용해도 변화를 측정하여 용해열($\Delta H°$)을 구한다.
- 엔탈피와 엔트로피의 개념을 이해하고 에너지 사이의 관계를 파악하고, 반트호프식을 통해 용해열을 도출하여 반응의 자발성/비자발성을 알아본다.

## II. 실험 이론

어떤 용매에 고체 용질을 녹이면 어느 순간부터 더 이상 녹아 들어가지 않는 상태에 도달한다. 이 상태는 용질이 녹아 들어가는 속도와 녹아 있는 용질이 다시 고체로 석출되는 속도가 같은 상태로, 거시적으로 용질은 더 이상 용매에 녹아 들어가지 않는다. 이 상태에 있는 용액을 포화되었다고 하고, 이 용액을 포화용액이라고 부른다. 포화용액보다 농도가 낮은 용액을 불포화용액이라고 하고, 농도가 더 높은 용액을 과포화용액이라고 부른다. 과포화용액은 준안정 상태에 있기 때문에 용액 속에 작은 결정을 넣거나 용액에 충격을 가하면 용질이 결정으로 석출되고 포화용액으로 된다.

포화 상태는 주어진 온도에서 일정량의 용매에 녹을 수 있는 최대량의 용질이 녹아 있는 상태로 이때의 용액(포화용액)의 농도를 용해도라고 부른다. 보통 용해도는 주어진 온도에서 용매 100 g에 녹을 수 있는 용질의 최대 질량으로 나타낸다.

많은 고체의 용해과정은 $\Delta G < 0$인 자발적 변화이다. 여기에서 $G$는 깁스 자유 에너지를 의미한다. 어떤 계의 엔탈피, 엔트로피 및 온도를 이용하여 정의하는 열역학적인 함수이다. 일반화학 교과서에 기술된 대로 $\Delta G = \Delta H - T\Delta S$이므로 변화의 자발성은 변화 과정의

$\Delta H$(엔탈피변화), $\Delta S$(엔트로피 변화) 및 온도에 의해 결정된다. 엔탈피는 열역학적 계에서 뽑을 수 있는 에너지이며, 내부 에너지와 계가 부피를 차지함으로 얻을 수 있는 에너지의 합이다. 엔트로피는 열역학적으로 온도의 함수로서, 주어진 열이 일로 전환될 수 있는 가능성을 나타낸다. 일로 변환할 수 없는 에너지의 흐름을 설명할 때 이용되는 상태함수이다. $\Delta S \geq \dfrac{\Delta q}{T}$ 등호는 가역 과정일 때 성립하며, 일반적으로 현상이 비 가역 과정인 자연적 과정을 따르는 경우에는 이 양이 증가하고, 자연적 과정에 역행하는 경우에는 감소하는 성질이 있다. 용해과정의 엔트로피 변화 $\Delta S$는 대부분 양의 값을 가지므로 용해과정의 $\Delta H < 0$ 인 물질은 대부분 잘 녹는다. 그러나 일부 물질은 $\Delta H > 0$임에도 불구하고 잘 녹는데, 용해과정의 $\Delta S$가 큰 양의 값을 가지기 때문에 $\Delta G = \Delta H - T\Delta S < 0$이 되기 때문이다. $\Delta H > 0$인 변화를 흡열과정이라고 부르고 $\Delta H < 0$인 변화를 발열과정이라고 부른다.


## III. 실험 원리

이 실험에서는 용질을 녹이면서 용액의 온도 변화를 측정하여 용해과정의 엔탈피 변화 $\Delta H$를 구한다. 많은 고체의 용해도는 온도에 따라 달라진다. 아래 그림 15-1에서 처럼 질산 포타슘은 온도가 증가하면 급격한 용해도 증가를 보인다.

주어진 온도에서 녹을 수 있는 용질의 양보다 많은 양이 들어있는 과포화 용액(A)을 온도를 증가시켜 불포화 용액(B)으로 만든 후 서서히 온도를 냉각하여 결정이 생기는 순간을 포화상태(C)라고 할 수 있으며 동적 평형상태라고 할 수 있다. 이때에 측정된 온도와 용액의 부피를 이용하여 용해열을 알 수 있다. 용해도를 이용하여 용해열 구하는 과정을 식으로 나타내면 아래와 같다.

$\Delta G$와 $\Delta G°$ 사이의 관계는 다음과 같다.

$$\text{자유 에너지 변화} : \Delta G = \Delta H - T\Delta S$$

$$\text{표준 자유 에너지 변화} : \Delta G° = \Delta H° - T\Delta S°$$
$$\Delta G° = G°(\text{생성물}) - G°(\text{반응물})$$

표준 상태가 아니면 $\Delta G$를 사용한다.

$$\Delta G = \Delta G° (\text{생성물}) + RT\ln Q \ (\text{표준상태} : 25℃, \ 1 \ atm)$$

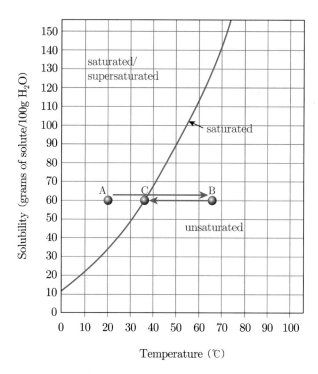

**그림 15-1** 질산 포타슘의 용해도 곡선

어떤 반응 $a\mathrm{A} + b\mathrm{B} \rightarrow c\mathrm{C} + d\mathrm{D}$에 대하여 반응지수 $Q$는 다음과 같다.

$$Q = \frac{[C]^c[D]^d}{[A]^a[B]^b}$$

평형 상태에서 ($Q = K$이고, $\Delta G = 0$)

$$\Delta G = \Delta G° + RT \ln Q = \Delta G° + RT \ln K = 0$$

$$\Delta G° = -RT \ln Q = \Delta H° + T\Delta S°$$

정리하면,

$$\ln K = -\frac{(\Delta H° - T\Delta S°)}{RT} = \left(-\frac{\Delta H°}{R}\right)\frac{1}{T} + \frac{\Delta S°}{R}$$

이 된다.

이 식을 통해 화학평형에 대한 온도의존성을 알 수 있으며, 용해도와 온도의 역수(1/$T$)를 그래프로 그리면 용질이 녹을 때의 엔탈피 변화 $\Delta H°$를 측정할 수 있다. 이 실험에서는 비교적 용해도가 큰 질산 포타슘(KNO$_3$)의 용해도가 온도에 따라서 어떻게 변화하는 가를 살펴보고 용해열을 구한다.

## IV. 실험 기구 및 시약

**1) 기구** : 25 mL 눈금실린더, 피펫, 피펫펌프, 비커, 온도계, 유리막대, 저울, 유산지, 약수저, 가열 교반기

**2) 시약** : potassium nitrate ($KNO_3$, Mw = 101.1032 g/mol), 증류수

## V. 실험 방법

1) 1 L 비커를 이용하여 물중탕을 한다. (Hot plate 180 위치, 15분 : 약 60~70℃)
2) $KNO_3$ 약 4.00 g을 측정하여 25 mL 눈금실린더에 넣는다. 덩어리 진 시약보다 가루로 된 부분의 시약을 사용한다.
3) 피펫으로 10.00 mL의 증류수를 취한 후, 벽에 묻어있는 시약을 씻어가며 첨가한다.
4) 물중탕 비커에 눈금실린더를 넣고 $KNO_3$가 완전히 녹을 때까지 기다린다.
5) 완전히 녹은 용액을 비커에서 꺼내어 온도계로 저어주면서 식힌다.
6) 고체가 처음 나타나기 시작하는 온도와 부피를 기록한다.
7) 5.00 g, 6.00 g, 7.00 g, 8.00 g도 똑같이 반복한다.

## VI. 주의사항

• $KNO_3$을 눈금실린더에 담을 때, 최대한 용기 벽에 묻지 않도록 입구에 유산지를 말아 넣고, 용기 벽에 묻은 $KNO_3$은 증류수를 넣을 때 함께 씻어준다.
• 물중탕 비이커에서 $KNO_3$가 완전히 녹을 때까지 가열한다. 너무 높은 온도에서 가열하면 물의 증발로 인해 부피오차가 커져 정확하지 않은 몰 농도를 측정하게 되므로 온도를 60~70℃로 유지한다.
• 물중탕 비이커에서 꺼낸 후 식힐 때, 가만히 놔두면 과포화 용액이 되어 훨씬 낮은 온도에서 석출된다. 따라서, 상온에서 식힐 때에도 계속 저어주도록 한다.

## 실험 15. 질산 포타슘의 용해열 측정

## 1. 목적

## 2. 실험 기구 및 시약

**1) 기구** : 25 mL 눈금실린더, 피펫, 피펫펌프, 비커, 온도계, 유리막대, 저울, 유산지,
　　　　 약수저, 가열 교반기

**2) 시약** : potassium nitrate ($KNO_3$, Mw = 101.1032 g/mol), 증류수

## 3. 실험 방법

## 4. 주의사항

## 5. 실험결과표

- 질산 포타슘 질량에 따른 결정 생성 온도와 부피 측정

1) 사용한 증류수 부피(mL) = 10.00 mL

2) 질산 포타슘 분자량(g/mol) = 101.1032 g/mol

| | 결정이 생기는<br>온도(°C) | $T$<br>(K) | 실제 $KNO_3$의<br>질량 (g) | $KNO_3$의 몰수<br>(mol) | 용액의 부피<br>(mL) |
|---|---|---|---|---|---|
| 1) 4.00 g | | | | | |
| 2) 5.00 g | | | | | |
| 3) 6.00 g | | | | | |
| 4) 7.00 g | | | | | |
| 5) 8.00 g | | | | | |

# 실험 15. 질산 포타슘의 용해열 측정 결과보고서

| 실험일 | 제출함 No. | 담당교수 | 점  수 |
|--------|-----------|---------|--------|
|        |           |         |        |
| 학  과 | 학  번 | 이  름 | |
|        |           |         |        |

## I. Abstract

## II. Data

- **질산 포타슘 질량에 따른 결정 생성 온도와 부피 측정**

  1) 사용한 증류수 부피(mL) = 10.00 mL

  2) 질산 포타슘 분자량(g/mol) = 101.1032 g/mol

| | 결정이 생기는 온도(°C) | $T$ (K) | 실제 KNO$_3$의 질량 (g) | KNO$_3$의 몰수 (mol) | 용액의 부피 (mL) |
|---|---|---|---|---|---|
| 1) 4.00 g | | | | | |
| 2) 5.00 g | | | | | |
| 3) 6.00 g | | | | | |
| 4) 7.00 g | | | | | |
| 5) 8.00 g | | | | | |

## III. Results

- **결정 생성 온도에 따른 용해도 곱과 lnK**

| | $1/T$ (K$^{-1}$) | 몰농도 ($M$) | $K_{sp}$ (= [K$^+$][NO$_3^-$] = [M]$^2$) | $\ln K$ |
|---|---|---|---|---|
| 1) 4.00 g | | | | |
| 2) 5.00 g | | | | |
| 3) 6.00 g | | | | |
| 4) 7.00 g | | | | |
| 5) 8.00 g | | | | |

- **용해 반응의 엔탈피 변화와 엔트로피 변화**

  ① $\ln K = \left( -\dfrac{\Delta H^\circ}{R} \right) \dfrac{1}{T} + \dfrac{\Delta S^\circ}{R}$

  ② 기체 상수 $R = 8.31451 \, \text{J/K} \cdot \text{mol}$

  ③ 그래프 및 $\Delta H^\circ$, $\Delta S^\circ$

[그래프 첨부]

| 기울기 | | $\triangle H^\circ$ | |
|---|---|---|---|
| y절편 | | $\triangle S^\circ$ | |
| 결정계수 (R$^2$) | | $\triangle G^\circ$ | |

# 16 전기 화학과 Nernst식

## I. 실험 목적

- 이종 금속의 이온화 경향을 비교함으로써 각각의 전기화학적 서열을 확인한다.
- 화합물들 사이에 자발적으로 일어나는 전자이동 반응을 이용하여 전기 에너지를 얻는 화학전지의 원리를 이해하고 기전력을 관찰한다.
- 비표준 상태에서 생기는 기전력을 관찰하고 Nernst식에 의해 유도된 값과 비교하여 본다.
- 잘 녹지 않는 물질의 침전반응의 전위차를 측정하며 이를 통해 염의 용해도 곱 상수를 구해본다.

## II. 실험 이론

원자나 분자를 둘러싸고 있는 전자는 원자와 분자의 종류에 따라서 쉽게 떨어져 나가서 다른 원자나 분자로 옮겨 가기도 한다. 이때 전자를 잃어버리는 분자는 '산화' 되었다고 하고 전자를 얻은 분자는 '환원' 되었다고 한다. 산화-환원 반응은 전자와 밀접한 관계를 지니고 있다. 생각해보면 전자는 참으로 신비스러운 입자이다. 질량은 양성자의 1840분의 1 밖에 안 되면서도 전하의 절대값은 양성자와 같다. 딱히 어디 있다고 말하기도 어렵게 원자 크기의 전부를 전자 구름으로 채우고 있으면서 자신보다 수천 배나 무거운 원자핵의 위치를 지정한다. 원자핵들 사이의 거리와 각도 모두를 말이다. 전자가 없다면, 아니 전자가 관여하는 화학 결합의 원리가 없다면 원자핵들은 무질서하게 뒤섞여 버릴 것이고, 분자는 아예 존재할 수 조차 없을 것이다. 전자가 가볍고 유동적인 것은 또한 전신 전화기, 라디오,

TV, 반도체, 직접회로, 컴퓨터 등 각종 전자 기기의 존재 근거가 된다. 이렇게 인간의 삶을 편하고 풍요롭게 해주는 많은 전자 관련 장치 중에서 화학전지는 역사적으로나 현실적으로나 아주 중요한 의미를 지닌다. 패러데이(Faraday)에 의하여 전자기 유도 법칙이 발견되고 발전이 가능해지기 이전에 이미 갈바니(Galvani), 볼타(Volta) 등에 의하여 화학전지가 발명되었다. 그리고 이러한 화학 전지에 의하여 물의 전기분해, 금속 염의 전기분해에 의한 금속 원소의 발견 등이 이루어졌다. 화학 전지의 원리의 배후에는 원소마다 전자를 원하는 정도, 즉 전자 친화도 혹은 전기음성도가 다르다고 하는 사실이다. 이러한 전기음성도의 차이는 화합물들이 다양한 물리적, 화학적 성질을 나타내는 이유가 되기도 한다. 옥텟 규칙에 따라 만들어진 화합물이라고 해도 모든 전자가 결합을 이룬 양쪽 원자에 골고루 공유되어 있다면 우리가 알고 있는 자연의 아름다움과 물질 세계의 다양성은 찾아볼 수 없을 것이다. 전자를 원하는 정도가 다른 화학종들을 잘 연결하면 외부 회로를 통해 전자가 흐르게 할 수 있다. 즉 두 화학종 사이에서 자발적으로 일어나는 산화-환원 반응을 이용해서, 금속선을 통하여 전자가 흘러가도록 만들면 전기 에너지를 제공하는 전지를 만들 수 있다. 건전지, 자동차용 배터리가 그런 화학 전지의 대표적인 예이며, 우리 생활에서 사용하는 전자 제품의 대부분은 이런 화학 전지를 에너지원으로 사용하고 있다.

## 1. 갈바니 전지

산화-환원 반응에서 이동하는 전자를 금속선을 통해 흐르는 전류로 만들기 위해서는 산화 반응과 환원 반응을 서로 분리한 반쪽 전지(half-cell)를 금속선으로 연결한 전지(cell)를 이용한다. 특히 전류를 만들어서 전기 에너지원으로 사용하기 위한 화학 전지를 **갈바니 전지(Galvanic cell)**라고 부른다. 화합물이 전자를 잃어버리거나 얻을 경우에는 전하를 가진 이온이 만들어지기 때문에, 대부분의 전지는 이온을 안정화 시킬 수 있는 수용액에서 일어나는 반응을 이용한다.

반쪽 전지는 쉽게 이온화 하여 산화 또는 환원될 수 있는 전해질(electrolyte)이 녹아 있는 전해질 용액 속에, 전자를 받아들이거나 내어줄 수 있는 금속 전극(electrode)을 넣은 것이다. 금속 전극은 금속선을 통해서 다른 쪽의 전극과 연결되어 있으며, 용액의 전하 변화를 상쇄시켜 주기 위한 염다리(salt bridge)를 사용하기도 한다. 염다리는 자신을 통해서 수용액 중에 녹아 있는 이온들은 이동시킬 수 있지만, 두 용액이 직접 맞닿아 섞이지 않도록 하는 역할을 한다.

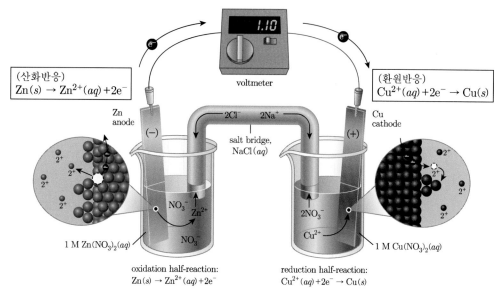

(산화반응)
$$Zn(s) \rightarrow Zn^{2+}(aq) + 2e^-$$

(환원반응)
$$Cu^{2+}(aq) + 2e^- \rightarrow Cu(s)$$

voltmeter

Zn anode (−)

2Cl⁻  2Na⁺

salt bridge, NaCl(aq)

Cu cathode (+)

$2^+$  $2^+$  $2^+$  $2^+$

$NO_3^-$  $Zn^{2+}$

$NO_3^-$

1 M $Zn(NO_3)_2(aq)$

$2NO_3^-$

$Cu^{2+}$

1 M $Cu(NO_3)_2(aq)$

$2^+$  $2^+$  $2^+$

oxidation half-reaction:
$Zn(s) \rightarrow Zn^{2+}(aq) + 2e^-$

reduction half-reaction:
$Cu^{2+}(aq) + 2e^- \rightarrow Cu(s)$

overall reaction: $Zn(s) + Cu^{2+}(aq) \rightarrow Zn^{2+}(aq) + Cu(s)$

이렇게 구성한 전지의 한 쪽 반쪽 전지에서는 화합물이 산화되면서 빠져나온 전자가 전극을 통하여 다른 반쪽 전지로 흘러가서 전극을 통하여 수용액 중의 화합물에 전달되어 환원 반응이 일어나게 된다. 이때 산화 반응이 일어나는 전극을 산화 전극(anode), 환원 반응이 일어나는 전극을 환원 전극(cathode)이라고 부른다. 전자는 산화 전극에서 환원 전극 쪽으로 흘러가므로, 반대로 전류는 환원 전극에서 산화 전극 쪽으로 흘러가게 된다. 이때 환원 전극이 산화 전극보다 전위가 더 높아서 환원 전극을 (+)극, 산화 전극을 (−)극이라고 부르기도 한다.

전기화학 전지를 설명하기 위해 사용되고 있는 편리한 선 표시법은 왼쪽에 산화전극 성분들을 적고, 오른쪽에 환원전극 성분들을 나열하는데, 그 가운데 두 개의 수직선(염다리 또는 다공성 원판을 나타냄)으로 분리시킨다. 예를 들어 $Zn^{2+}(aq) + Cu(s) \rightarrow Zn(s) + Cu^{2+}(aq)$ 반응을 기본으로 하는 화학전지의 경우 아연이 산화전극이 되고, 구리가 환원 전극이 되므로 선 표시법으로 기술하면 다음과 같다.

$$[\, Zn(s) \mid Zn(NO_3)_2(aq) \parallel Cu(NO_3)_2(aq) \mid Cu(s) \,]$$

## 2. 표준 환원 전위

산화–환원 반응의 척도는 전위차인데 전위차는 표준 수소 전극을 기준으로 하여 측정한다. 표준 수소 전극은 1 기압의 압력으로 유지되는 수소 기체와 평형을 이루고 있으면서 수소 이온($H^+$)의 농도가 1.00 $M$인 25℃의 수용액 속에 백금 전극으로 만든 전극이 설치되어 있는 것으로 다음과 같은 환원 반응이 일어난다.

$$2H^+(aq, 1.00\,M) + 2e^- \rightarrow H_2(g, 1.00\,atm) \qquad \mathcal{E}° = 0.00\,Volt$$

일반적으로 표준 수소 전극의 전위를 0.00 V라고 정의하고, 다른 전극과 표준 수소 전극을 연결한 전지에서 얻은 전위차를 그 전극의 환원 전위(reduction potential)이라고 하고, 25℃ 표준 상태에서 측정한 환원 전위를 표준 환원 전위(standard reduction potential)라고 한다. 흔히 볼 수 있는 반쪽–반응들에 대한 표준 환원 전위 값들은 부록 F–5을 참고하면 된다.

## 3. Nernst 식

전지 전위가 농도에 따라 달라는 것은 자유 에너지가 농도에 따라 달라지는 것에 직접 기인한다.

$$\Delta G = \Delta G° + RT \ln Q$$

여기에서 Q는 반응 지수이다. $\Delta G = -nF\mathcal{E}$ 이고. $\Delta G° = -nF\mathcal{E}°$이기 때문에, 위 식은 다음과 같이 된다.

$$-nF\mathcal{E} = -nF\mathcal{E}° + RT \ln Q$$

$$\mathcal{E} = \mathcal{E}° - \frac{RT}{nF} \ln Q$$

위의 식은 전지 전위와 전지 내 성분 농도 사이의 관계식인데, 독일의 화학자 발터 네른스트(Walther Nernst)에 성을 따서 흔히 Nernst 식이라 부른다.

Nernst 식은 25℃에서 다음 식으로 주어진다. 이 관계식을 이용하며 표준상태에 있지 않는 화학종들이 관여하는 전지의 전위를 계산할 수 있다.

$$\mathcal{E} = \mathcal{E}° - \frac{0.05916}{n} \log Q$$

# III. 실험 원리

## 1. 전기 화학적 서열

산화-환원 반응에 수반되는 전자의 이동을 통해 화학 에너지를 전기 에너지로 바꾸는 장치는, 금속이 이온화되려는 성질 및 반응성의 크기와 관계가 있다.

아연판을 황산에 넣으면 반응하여 수소가 발생한다.

$$Zn(s) + H_2SO_4(aq) \rightarrow ZnSO_4(aq) + H_2(g)$$

이 반응의 알짜 이온 반응식을 나타내면 다음과 같다.

$$Zn(s) + 2H^+(aq) \rightarrow Zn^{2+}(aq) + H_2(g)$$

아연이 수소보다 이온화 경향이 크므로 수소 이온에게 전자를 주고 양이온으로 되며, 수소 이온은 전자를 받아 수소 기체가 생긴다. 아연판 표면에서 아연은 산화되고 수소는 환원되는 것이다. 만일 황산 속에 아연판과 구리판을 넣고 도선으로 연결하면 이번에는 아연판 표면에서 수소 이온과의 사이에 전자를 주고받는 게 아니라, 아연이 구리보다 이온화 경향이 크므로 아연이 산화하여 양이온으로 되어 녹고, 이 때 생긴 전자가 아연판에서 구리판으로 이동하여 구리판에 모인 전자를 수용액 속의 수소 이온이 받아 환원하여 수소 기체로 된다.

## 2. 화학 전지

갈바니 전지는 한쪽 공간에 있는 환원제로부터 전선을 통하여 전자를 끌어낼 힘을 가지고 있는 산화제로 되어 있다. 전자를 끌어내는 힘, 즉, 추진력을 **전지 전위**(cell potential, $\mathcal{E}_{전지}$) 또는 **기전력**(electromotive force, emf)이라고 한다. 전기 전위의 단위는 볼트(volt, V)이며, 이동하는 전하 1쿨롱(C) 당 1주울(J)의 일(W)로 정의된다.

두 반쪽 반응을 합하여 균형 맞춘 하나의 산화-환원 반응식을 얻어야 하며, 환원 반쪽 반응 중 하나는 역으로 되어야 한다. 더 큰 양 전위를 갖는 반쪽 반응은 쓴 대로(환원 반응으로), 다른 반쪽 반응은 역으로(산화 반응으로) 되어야 한다. 전지의 알짜 전위는 두 반쪽 반응의 차이일 것이다. 환원 과정은 환원 전극에서, 산화 과정은 산화전극에서 일어나므로 전지의 전위는 다음과 같이 쓸 수 있다.

$$\mathcal{E}_{\text{전지}}^{\circ} = \mathcal{E}^{\circ}(\text{환원전극}) - \mathcal{E}^{\circ}(\text{산화전극})$$

표준 환원 전위는 세기 성질(반응이 일어나는 회수와는 무관함)이기 때문에 전지 반응의 균형을 맞출 때 필요한 전위에는 정수를 곱할 필요가 없다. 이 실험에서 사용될 금속의 표준환원 전위는 아래와 같다.

| 반쪽 반응 | $\mathcal{E}^{\circ}$(V) |
|---|---|
| $Zn^{2+} + 2e^- \rightarrow Zn$ | −0.76 |
| $Pb^{2+} + 2e^- \rightarrow Pb$ | −0.13 |
| $Cu^{2+} + 2e^- \rightarrow Cu$ | 0.34 |

표준 환원 전위의 값은 말 그대로 표준 상태에서 측정된 값들이다. 여기서 말하는 표준 상태란 모든 용질과 기체의 활동도(activity)가 1일 때이지만, 여기서는 각 용액의 농도가 1 $M$, 각 기체의 압력이 1기압, 온도는 보통 25℃일 때를 말한다. 앞에서 나온 전지의 기전력에 관한 식과 표준 환원 전위의 값으로부터 많은 전지의 기전력을 계산할 수 있지만, 이들이 표준 상태가 아닐 때에는 Nernst 식이 필요하다.


## 3. 잘녹지 않는 염의 용해도곱 상수 측정

전기화학 기법은 잘 녹지 않는 염의 용해도를 측정하는데 종종 사용된다. $Pb^{2+}$ 이온과 $Cl^-$ 이온이 만나면 $PbCl_2(s)$가 형성되는데, 실험 D와 같은 형태의 전지를 만들어서 이 염의 용해도를 측정할 수 있다.

용해도를 나타내는 척도의 하나로 **용해도곱 상수**(solubility product constant)가 있다. 간단히 **용해도곱**이라고도 한다. 용해도곱은 고체염이 해리하여 해당되는 이온으로 나뉘어지는 반응의 평형 상수로 정의된다.

$$PbCl_2(s) \rightleftharpoons Pb^{2+}(aq) + 2Cl^-(aq)$$

$$K_{sp} = [Pb^{2+}][Cl^-]^2$$

다음과 같은 전지를 만든 다음 오른쪽 반쪽 전지에 $Cl^-$ 이온을 첨가하면 $PbCl_2(s)$가 형성된다.

$$\text{Zn}(s) \mid \text{Zn}^{2+}(aq) \parallel \text{Pb}^{2+}(aq) \mid \text{Pb}(s)$$

따라서 $[\text{Pb}^{2+}]$가 작아져 전압이 떨어지게 되고, 이때의 전지 전압의 변화를 측정하여 $[\text{Pb}^{2+}]$를 결정할 수 있다. 또 $[\text{Cl}^-]$는 넣어준 $[\text{Cl}^-]$를 알면 구할 수 있으므로 우리는 $K_{sp}$값을 결정할 수가 있다.

좀 더 자세하게 살펴보면, 위의 전지의 각 반쪽 전지의 반응과 대응되는 Nernst 식은 다음과 같다.

환원 전극 : $\text{Pb}^{2+}(aq) + 2e^- \rightarrow \text{Pb}(s)$

$$\mathcal{E}\,(\text{Pb}) = \mathcal{E}\,°(\text{Pb}) - \frac{0.05916}{2} \log \frac{1}{[\text{Pb}^{2+}]} \qquad \mathcal{E}\,°(\text{Pb}) = -0.13 \text{ V}$$

산화 전극 : $\text{Zn}^{2+}(aq) + 2e^- \rightarrow \text{Zn}(s)$

$$\mathcal{E}\,(\text{Zn}) = \mathcal{E}\,°(\text{Zn}) - \frac{0.05916}{2} \log \frac{1}{[\text{Zn}^{2+}]} \qquad \mathcal{E}\,°(\text{Zn}) = -0.76 \text{ V}$$

$0.100\ M$의 $\text{Zn}(\text{NO}_3)_2$와 $0.100\ M\ \text{Pb}(\text{NO}_3)_2$로 전지를 만들 때의 전지 전압을 계산할 수 있을 것이다. 각 반쪽 전지의 Nernst 식으로부터 다음과 같은 식을 유도하여 계산할 수도 있다.

$$\mathcal{E} = \mathcal{E}\,(\text{환원전극}) - \mathcal{E}\,(\text{산화전극}) = 0.63 - \frac{0.05916}{2} \log \frac{[\text{Zn}^{2+}]}{[\text{Pb}^{2+}]}$$

KCl(s)를 첨가한 후의 전압을 측정하였다면, $[\text{Zn}^{2+}]$는 알고 있으므로 위의 식을 이용하여 $[\text{Pb}^{2+}]$를 계산해 낼 수 있다. 또 넣어준 KCl의 양을 알고 있으므로 $\text{Pb}^{2+}$와 반응하고 남은 $\text{Cl}^-$의 농도를 계산할 수도 있다. 이제 필요한 모든 얻어 내었으니, $\text{PbCl}_2$의 $K_{sp}$값을 계산해 낼 수 있다. 이 값을 문헌에서 찾은 $\text{PbCl}_2$의 $K_{sp}$값($1.6 \times 10^{-5}$)과 비교하여 본다.

# IV. 실험 기구 및 시약

**1) 기구** : 100 mL 부피플라스크, 피펫, 피펫펌프, 비커, 염다리, 전압계, 전선, 사포, 저울, 유산지, 약수저, 교반기, 교반자석

**2) 시약** : 증류수, zinc nitrate hexahydrate ($Zn(NO_3)_2 \cdot 6H_2O$), lead nitrate ($Pb(NO_3)_2$), copper nitrate trihydrate ($Cu(NO_3)_2 \cdot 3H_2O$), potassium chloride (KCl), 금속 조각(Zn, Pb, Cu)

# V. 실험 방법

## 실험 A. 전기 화학적 서열확인

1) 아연, 구리, 납 세 가지 금속 조각 2개씩을 준비한다.
2) 다음의 용액을 준비한다.
   - $Zn(NO_3)_2 \cdot 6H_2O$ (Mw = 297.5 g/mol)를 사용하여 1.00 $M$ $Zn(NO_3)_2$ 수용액 100 mL를 제조한다.
   - $Pb(NO_3)_2$ (Mw = 331.2 g/mol)를 사용하여 1.00 $M$ $Pb(NO_3)_2$ 수용액 100 mL를 제조한다.
   - $Cu(NO_3)_2 \cdot 3H_2O$ (Mw = 241.6 g/mol)를 사용하여 1.00 $M$ $Cu(NO_3)_2$ 수용액 100 mL를 제조한다.
3) 각각의 용액을 대략 20 mL 정도를 50 mL 비커에 준비한다.

4) 준비된 금속조각을 다른 질산염 용액에 담근다.

5) 각각의 용액에 대해 금속 표면에서 일어나는 반응이 일어나는지 살피고 각 금속들 간의 산화력 세기를 비교한다.

## 실험 B. 화학전지

1) 아연, 구리, 납 세 가지 금속판을 준비한다.
2) 각 금속의 질산염 수용액 20 mL를 취하여 비커에 준비하여, 해당 금속판을 넣는다.
3) 두 비커를 염다리로 연결한다.

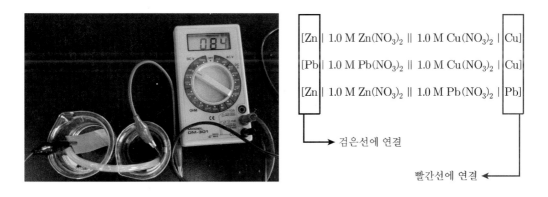

[Zn| 1.0 M $Zn(NO_3)_2$ ‖ 1.0 M $Cu(NO_3)_2$ | Cu]

[Pb| 1.0 M $Pb(NO_3)_2$ ‖ 1.0 M $Cu(NO_3)_2$ | Cu]

[Zn| 1.0 M $Zn(NO_3)_2$ ‖ 1.0 M $Pb(NO_3)_2$ | Pb]

→ 검은선에 연결

빨간선에 연결 ←

4) 구리-아연, 아연-납, 구리-납의 화학전지를 만들어서 전위차를 측정한 후 이론값과 비교해 본다.

## 실험 C. 비표준 상태의 전지 전위

1) 0.100 $M$ Cu(NO$_3$)$_2$의 용액을 준비한다.

2) 1.00 $M$ Zn(NO$_3$)$_2$ 용액 20 mL와 0.100 $M$ Cu(NO$_3$)$_2$ 용액 20 mL를 비커에 준비하고, 해당 금속판을 넣는다.

3) 두 비커를 염다리로 연결하여 아래와 같이 전지를 만들어서 전위차를 측정한 후 이론값과 비교한다.

   \* 시간이 지날수록 전위차가 떨어지므로 정확한 농도를 만들어 빠른 시간 내에 측정하도록 한다.

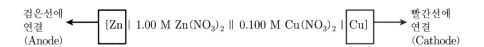

검은선에 연결 (Anode)  ←  [Zn ‖ 1.00 M Zn(NO$_3$)$_2$ ‖ 0.100 M Cu(NO$_3$)$_2$ ‖Cu]  →  빨간선에 연결 (Cathode)

## 실험 D. 용해도곱 상수 측정

1) 0.100 $M$ Pb(NO$_3$)$_2$와 0.100 $M$ Zn(NO$_3$)$_2$ 용액을 준비한다.

2) 위 두 용액 50 mL를 비커에 준비하여 아래와 같이 전지를 만들고, 전위차를 측정한 후 이론값과 비교한다. (부피는 정확하게 계량한다.)

$$[\,\text{Zn} \mid 0.100 \ M \ \text{Zn(NO}_3)_2 \ \| \ 0.100 \ M \ \text{Pb(NO}_3)_2 \mid \text{Pb}\,]$$

3) 오른쪽 반쪽 전지의 Pb(NO$_3$)$_2$ 용액에 KCl을 가하면 PbCl$_2$ 침전이 생성된다. 최종 [K$^+$]가 0.30 $M$ (1.12 g)이 되도록 하고 전압을 측정하여 기록한다.
   (KCl을 첨가해준 후에는 용액 내의 Pb$^{2+}$ 이온 농도가 고르도록 잘 흔들어 준 다음에 전압을 측정한다.)

## VI. 주의사항

- 사용한 시약은 중금속 폐수통에 버린다.
- 금속판은 항상 수직이 되도록 유지하며 집게가 용액에 잠기지 않도록 주의한다.
- 시간이 지날수록 전위차가 떨어지므로 정확한 농도를 만들어 빠른 시간 내에 측정하도록

한다.
- 염다리는 전지 연결 가장 마지막에 연결한다.
- 염다리가 꺾이지 않게 사용하며 다른 용액에 담글 때는 양쪽 끝을 증류수로 세척 후 사용한다. 전압이 이상할 때는 염다리 양쪽 끝을 잘라내어 다시 측정하여 본다.

# 실험 16. 전기화학과 Nernst식

## 1. 목적

## 2. 실험 기구 및 시약

**1) 기구** : 100 mL 부피플라스크, 피펫, 피펫펌프, 비커, 염다리, 전압계, 전선, 사포, 저울, 유산지, 약수저, 교반기, 교반자석

**2) 시약** : 증류수, zinc nitrate hexahydrate ($Zn(NO_3)_2 \cdot 6H_2O$), lead nitrate ($Pb(NO_3)_2$), copper nitrate trihydrate ($Cu(NO_3)_2 \cdot 3H_2O$), potassium chloride (KCl), 금속 조각(Zn, Pb, Cu)

| | |
|---|---|
| 1.00 $M$ $Zn(NO_3)_2$ 수용액 100 mL | $Zn(NO_3)_2 \cdot 6H_2O$ (Mw = 297.5 g/mol) _____ g |
| 0.100 $M$ $Zn(NO_3)_2$ 수용액 100 mL | 1.00 $M$ $Zn(NO_3)_2$ 수용액 _____ mL를 희석시켜 만든다. |
| 1.00 $M$ $Pb(NO_3)_2$ 수용액 100 mL | $Pb(NO_3)_2$ (Mw = 331.2 g/mol) _____ g |
| 0.100 $M$ $Pb(NO_3)_2$ 수용액 100 mL | 1.00 $M$ $Pb(NO_3)_2$ 수용액 _____ mL를 희석시켜 만든다. |
| 1.00 $M$ $Cu(NO_3)_2$ 수용액 100 mL | $Cu(NO_3)_2 \cdot 3H_2O$ (Mw = 241.6 g/mol) _____ g |
| 0.100 $M$ $Cu(NO_3)_2$ 수용액 100 mL | 1.00 $M$ $Cu(NO_3)_2$ 수용액 _____ mL를 희석시켜 만든다 |

[계산과정]

# 3. 실험 방법

**4. 주의사항**

## 5. 실험결과표

### ▪ 실험 A. 전기 화학적 서열 확인

|  | 1.00 $M$ Zn(NO$_3$)$_2$ 수용액 | 1.00 $M$ Pb(NO$_3$)$_2$ 수용액 | 1.00 $M$ Cu(NO$_3$)$_2$ 수용액 |
|---|---|---|---|
| Zn 금속조각 | — |  |  |
| Pb 금속조각 |  | — |  |
| Cu 금속조각 |  |  | — |
| 세기 비교 |  |  |  |

### ▪ 실험 B. 화학 전지

|  | 전위차 $\mathcal{E}$ (V) |
|---|---|
|  | 실험 관찰값 |
| [Zn │ 1.00 $M$ Zn(NO$_3$)$_2$ ‖ 1.00 $M$ Pb(NO$_3$)$_2$ │ Pb] |  |
| [Zn │ 1.00 $M$ Zn(NO$_3$)$_2$ ‖ 1.00 $M$ Cu(NO$_3$)$_2$ │ Cu] |  |
| [Pb │ 1.00 $M$ Pb(NO$_3$)$_2$ ‖ 1.00 $M$ Cu(NO$_3$)$_2$ │ Cu] |  |

### ▪ 실험 C. 전지 전위와 농도

|  | 전위차 $\mathcal{E}$ (V) |
|---|---|
|  | 실험 관찰값 |
| [Zn │ 1.00 $M$ Zn(NO$_3$)$_2$ ‖ 0.100 $M$ Cu(NO$_3$)$_2$ │ Cu] |  |

### ▪ 실험 D. 용해도곱 상수 측정

|  | 전위차 $\mathcal{E}$ (V) | |
|---|---|---|
|  | 실험 관찰값 | KCl 첨가 후 실험 관찰값 |
| [Zn │ 0.100 $M$ Zn(NO$_3$)$_2$ ‖ 0.100 $M$ Pb(NO$_3$)$_2$ │ Pb] |  |  |

# 실험 16. 전기화학과 Nernst식 결과보고서

| 실험일 | 제출함 No. | 담당교수 | 점 수 |
|---|---|---|---|
|  |  |  |  |
| 학 과 | 학 번 | 이 름 |  |
|  |  |  |  |

## I. Abstract

## II. Data

- 실험A. 전기 화학적 서열 확인

| | 1.00 $M$ Zn(NO$_3$)$_2$ 수용액 | 1.00 $M$ Pb(NO$_3$)$_2$ 수용액 | 1.00 $M$ Cu(NO$_3$)$_2$ 수용액 |
|---|---|---|---|
| Zn 금속조각 | — | | |
| Pb 금속조각 | | — | |
| Cu 금속조각 | | | — |
| 세기 비교 | [별지 사진 첨부] | | |

- 실험B. 화학 전지

| | 반쪽 반응 | | 전위차 $\mathcal{E}$ (V) | | |
|---|---|---|---|---|---|
| | | | 이론값 | 실험값 | 오차율(%) |
| Zn−Pb | [산화] | | | | |
| | [환원] | | | | |
| Zn−Cu | [산화] | | | | |
| | [환원] | | | | |
| Pb−Cu | [산화] | | | | |
| | [환원] | | | | |

- 실험C. 비표준 상태의 전지 전위

| | 전위차 $\mathcal{E}$ (V) | | | |
|---|---|---|---|---|
| | 이론값 | 실험 예상값 | 실험 관찰값 | 오차율(%) |
| [Zn ǀ 1.00 $M$ Zn(NO$_3$)$_2$ ‖ 0.100 $M$ Cu(NO$_3$)$_2$ ǀ Cu] | | | | |

- 실험D. 용해도곱 상수 측정

| | 전위차 $\mathcal{E}$ (V) | | | |
|---|---|---|---|---|
| | 이론값 | 실험 예상값 | 실험 관찰값 | 오차율(%) |
| [Zn ǀ 0.100 $M$ Zn(NO$_3$)$_2$ ‖ 0.100 $M$ Pb(NO$_3$)$_2$ ǀ Pb] | | | | |
| KCl 첨가 후 | | | | |

$$Zn(s) + Pb^{2+}(aq) \rightarrow Zn^{2+}(aq) + Pb(s)$$

$$\mathcal{E} = \mathcal{E}^\circ - \frac{RT}{nF}\ln Q = \mathcal{E}^\circ - \frac{0.05916}{n}\log Q$$

$$(F = 96485 \ \text{C/mol}, \quad R = 8.31451 \ \text{J/mol} \cdot \text{K})$$

$$Pb^{2+}(aq) + 2Cl^-(aq) \rightleftarrows PbCl_2(s)$$

$$K_{sp}(PbCl_2) = [Pb^{2+}][Cl^-]^2$$

$$(K_{sp} \ \text{이론값} = 1.6 \times 10^{-5})$$

| [Pb$^{2+}$] | [Cl$^-$] | $K_{sp}$(PbCl$_2$) | 오차율(%) |
|---|---|---|---|
| | | | |

# 17 빈혈치료제의 철 정량

## I. 실험 목적

- Fe(II)이 1,10-phenanthroline과 붉은 오렌지색의 $[Fe(phen)_3]^{2+}$ 착화합물을 쉽게 형성한다는 사실을 이용하여 전이 금속의 착물 형성 반응을 이해한다.
- 빈혈 치료제에 포함된 철의 양을 분광학적 방법을 이용하여 정량 한다.

## II. 실험 이론

전이 금속의 용도는 매우 다양하다. 철(Fe)은 강철에, 구리(Cu)는 전선과 수도관에, 타이타늄(Ti)은 페인트에, 은(Ag)은 사진 필름에, 또 망가니즈(Mn), 크로뮴(Cr), 바나듐(V), 코발트(Co)는 강철의 첨가제로 그리고 백금은 산업용 및 자동차용 촉매 등으로 쓰인다. 전이 금속은 산업적으로 중요할 뿐 아니라 생체 내에도 중요한 역할을 한다. 예를 들면, 철 화합물은 산소의 운반 및 보관에 쓰이고, 몰리브데넘(Mo)과 철의 화합물은 질소 고정 과정에서 촉매로 쓰이며, 아연(Zn)은 인체에 있는 150여 개의 생체 분자에서 발견되고, 구리와 철은 호흡 순환기에서 아주 중요한 역할을 하며, 코발트는 비타민 $B_{12}$와 같은 필수 생체 분자에서 발견된다.

전이 금속들은 주어진 족(group)뿐만 아니라 같은 주기에서도 많은 유사성을 보여준다. 이는 전이 금속에 더해지는 마지막 전자들이 내부 전자이기 때문에 생긴다. 내부 전자는 $d$ 구역 전이 원소에 있어서는 $d$ 전자이고, 란타넘족 및 악티늄족에 있어서는 $f$ 전자들이다. 내부의 $d$ 및 $f$ 전자들은 $s$ 및 $p$ 원자가 전자들만큼 결합에 쉽게 참여할 수 없다. 따라서 전이 금속 원소의 화학은 주족 원소의 경우만큼 전자수의 변화에 크게

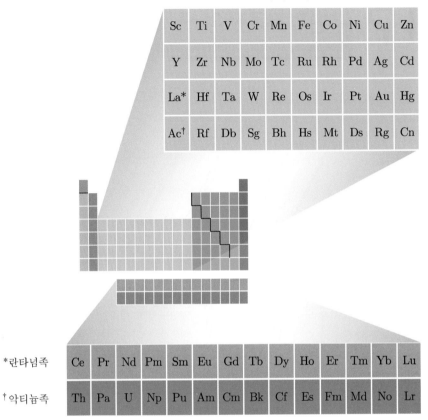

d-구역 전이 원소

| Sc | Ti | V | Cr | Mn | Fe | Co | Ni | Cu | Zn |
| Y | Zr | Nb | Mo | Tc | Ru | Rh | Pd | Ag | Cd |
| La* | Hf | Ta | W | Re | Os | Ir | Pt | Au | Hg |
| Ac† | Rf | Db | Sg | Bh | Hs | Mt | Ds | Rg | Cn |

*란타넘족

| Ce | Pr | Nd | Pm | Sm | Eu | Gd | Tb | Dy | Ho | Er | Tm | Yb | Lu |

†악티늄족

| Th | Pa | U | Np | Pu | Am | Cm | Bk | Cf | Es | Fm | Md | No | Lr |

영향을 받지 않는다.

전반적으로 전이 금속들은 전형적인 금속의 특성인 금속성, 광택, 비교적 높은 전기 전도도, 열 전도도 등을 나타낸다. 또한 전이 금속은 비금속과 이온 화합물을 형성함에 있어서 다음과 같은 몇 가지 특성을 보여 준다.

1) 한 가지 이상의 산화 상태로 발견된다. 예를 들면, 철은 염소와 반응하여 $FeCl_2$와 $FeCl_3$를 형성한다.

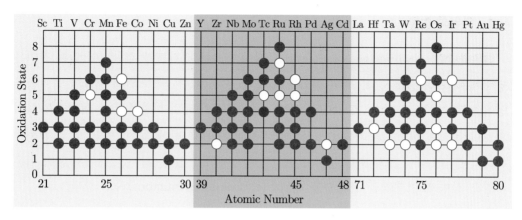

그림 17-1  전이금속의 산화상태

2) 전이 금속 이온은 그 금속 이온이 일정수의 **리간드**(ligand, 중심 금속 이온에 결합되어 전자쌍을 제공하는 분자나 이온)로 둘러 싸여진 화학종인 착이온(complex ion)의 형태로 존재한다.

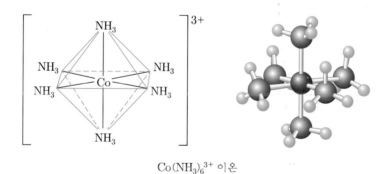

$Co(NH_3)_6^{3+}$ 이온

3) 착이온 중의 전이 금속은 특정 파장의 가시광선을 흡수할 수 있기 때문에 대부분의 전이 금속 화합물은 색깔을 띤다.

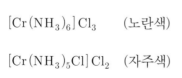

$[Cr(NH_3)_6]Cl_3$ (노란색)

$[Cr(NH_3)_5Cl]Cl_2$ (자주색)

4) 많은 전이 금속 화합물은 홀전자를 갖고 있기 때문에 상자기성을 나타낸다.

## 1. 배위화합물

**배위화합물**(coordination compound)은 전이 금속에 리간드가 결합되어 있는 착이온과 상대이온들(counter ions, 배위 화합물의 알짜 전하가 0이 되기 위해 필요한 음이온이나 양이온)로 이루어져 있다. $[Co(NH_3)_5Cl]Cl_2$는 대표적인 배위 화합물이다. 대괄호는 착이온의 조성을 나타내며, 두 개의 $Cl^-$ 상대이온들은 대괄호 밖에 놓여 있다. 이 화합물에서 하나의 $Cl^-$와 다섯 개의 $NH_3$ 분자가 리간드로 작용하고 있다. 착이온 내에서 금속 이온과 리간드 사이에 이루어진 결합수를 **배위수(coordination number)**라고 한다.

## 2. 리간드

리간드(ligand)란 금속 이온과 결합을 형성하는데 사용할 수 있는 고립 전자쌍이 있는 중성 분자나 이온을 말한다. 따라서 금속-리간드 결합의 형성을 Lewis 염기(리간드)와

**표 17-1** 흔히 볼 수 있는 몇 가지 리간드

| 형태 | 예 |
|---|---|
| 한 자리 | $H_2O$  $CN^-$  $SCN^-$ (싸이오사이아네이트)  $X^-$ (할로젠) <br> $NH_3$  $NO_2^-$ (나이트라이트)  $OH^-$ |
| 두 자리 | 옥살산 이온 / 에틸렌다이아민 (en) |
| 여러 자리 | 다이에틸렌트라이아민 (dien) <br> $H_2N - (CH_2)_2 - NH - (CH_2)_2 - NH_2$ <br> 세 개의 배위 원자들 <br> 에틸렌다이아민테트라아세테이트 (EDTA) <br> 여섯 개의 배위 원자들 |

Lewis 산(금속 이온) 사이의 상호 작용이라고 기술할 수 있고, 이 결합을 흔히 **배위공유결합** **(coordination covalent bond)**이라 부른다.

금속 이온과 하나의 결합을 형성하는 리간드를 한 자리 리간드(monodentate ligand 또는 unidentate ligand)라 하며, 금속에 두 개의 결합을 형성할 수 있는 리간드를 두 자리 리간드(bidentate ligand)라 부른다. 일부 리간드는 고립 전자쌍이 있는 원자가 두 개 이상 존재하여 금속과 두 개 이상의 결합을 할 수 있는데, 이들을 킬레이트 리간드 (chelating ligand) 또는 킬레이트(chelate)라고 부른다. 금속 이온과 두 개 이상의 결합을 할 수 있는 리간드를 여러 자리 리간드(polydentate ligand))라고 한다. 그 예들이 표 17-1에 실려 있다.

## 3. 결정장 모형

편재 전자 모형이 착이온의 성질을 충분히 설명할 수 없는 큰 이유는 그 모형 자체가 착이온 형성시 전이 금속의 $d$ 궤도함수 에너지가 어떻게 변하는가에 대해 전혀 알려 주지 못하기 때문이다.

결정장 모형(crystal field model)은 $d$ 궤도함수들의 에너지에 초점을 둔다. 사실 결정장 모형은 하나의 모형이라기보다는 착이온의 색깔과 자기 성질을 설명하기 위한 하나의 방법 이다. 이에 대한 가장 단순한 형태로서 결정장 모형은 리간드를 음의 점전하(negative point charges)로, 그리고 금속-리간드 결합은 완전한 이온성이라고 가정하였다.

팔면체 착물을 예로 들어 결정장 모형의 기본 원리를 설명하겠다. 점전하 리간드들이 팔면체 배열을 할 때 중심 금속의 $3d$ 궤도함수들이 취하는 상대적 배향이 그림 17-2(a)에 제시되어 있다. 여기에서 주목할 것은 두 궤도 함수 $d_{z^2}$와 $d_{x^2-y^2}$가 리간드 점전하를 직접 향하고 있고, 나머지 세 궤도함수 $d_{xz}$, $d_{yz}$ 및 $d_{xy}$는 리간드 점전하 사이에 놓여 있다는 점이다. 음의 점전하인 리간드들은 음으로 하전된 전자들을 멀리하기 때문에 전자들은 우선 리간드로부터 멀리 있는 $d$ 궤도함수들에 채워져 정전기적 반발을 최소화할 것이다. 즉 팔면체 착물에 있어서 $d_{xz}$, $d_{yz}$ 및 $d_{xy}$ 궤도함수($t_{2g}$라고 함)들은 $d_{z^2}$나 $d_{x^2-y^2}$ 궤도함수($e_g$ 라고 함) 보다 에너지가 낮다. 그림 17-2(b)에 그 결과가 그려져 있다. 리간드의 음전하는 $d$ 궤도함수의 에너지를 모두 증가시킨다. 그러나 리간드를 직접 향한 궤도함수들의 에너지 는 리간드들 사이를 향한 궤도함수들의 에너지보다 더 크게 증가한다.

바로 이 **$3d$ 궤도함수 에너지의 갈라짐**(splitting of $3d$ orbital energies, $\Delta$로 표시함)으로

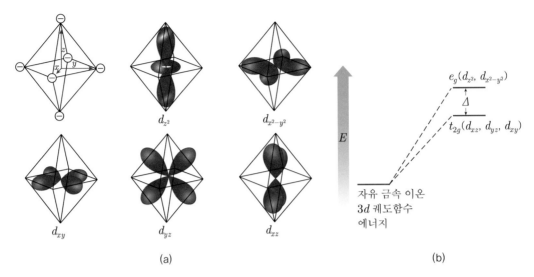

$d_{z^2}$     $d_{x^2-y^2}$

$d_{xy}$     $d_{yz}$     $d_{xz}$

$E$

(a)              (b)

**그림 17-2** (a) 팔면체 배열의 점전하 리간드들과 금속의 3d 궤도함수들의 배향,
(b) 팔면체 착물에서 금속 이온의 3d 궤도함수 에너지

첫 주기 전이 금속 착이온들의 색깔과 자기적 성질을 설명할 수 있다. 예를 들어, $Co^{3+}$(6개의
$d$ 전자가 있음)의 팔면체 착물의 경우, 갈라진 $3d$ 궤도함수에 전자를 채우는 데에는 두
가지 방법이 가능하다. 만약 리간드들에 의한 $d$ 궤도함수들의 갈라짐이 아주 크다면 **센**
**장(strong-field)**이라고 하며, 전자들은 낮은 에너지의 $t_{2g}$궤도 함수들에 채워져서 모두
짝을 이루게 되므로 반자기성을 타낸다. $Co(NH_3)_6^{3+}$가 이에 해당하며 **저스핀(low-spin)**
화합물이라고도 부른다. 반면에 갈라짐이 작을 때를 **약한 장(weak-field)**이라고 하며, 전자
들은 다섯 궤도함수에 우선 하나씩 들어가고 마지막 전자 하나만 짝을 이룰 것이다. 이
경우, 착이온은 네 개의 홀전자가 있으므로 상자기성을 띨 것이다. $CoF_6^{3-}$ 이온이 이에
해당하며 홀전자수가 최대이기 때문에 **고스핀(high-spin)** 화합물이라고 한다.

많은 팔면체 착물의 연구 결과를 바탕으로, $d$ 궤도함수를 갈라지게 하는 능력 순으

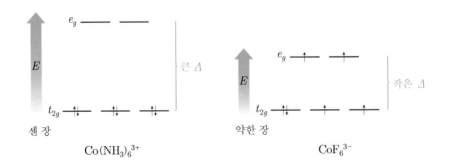

로 리간드를 나열할 수 있다. 이러한 능력을 순서대로 나타내는 **분광화학적 계열**(spectrochemical series)의 순서 일부는 다음과 같다.

$$CN^- > NO_2^- > en > NH_3 > H_2O > OH^- > F^- > Cl^- > Br^- > I^-$$

강한장
리간드
(큰 $\Delta$)
　　　　　　　　　　　　　　　　　　　　　　　　　　　　　약한장
리간드
(작은 $\Delta$)

결정장 모형은 또한 착물의 색깔을 설명하는데 쓰일 수도 있다. 예를 들어 $Ti^{3+}$의 팔면체 착이온인 $Ti(H_2O)_6^{3+}$은 $3d^1$의 전자배치를 하고 있는데, 가시광선의 중간 부분에 해당하는 빛을 흡수하기 때문에 보라색을 띤다. 물질이 가시광선 영역 내의 측정 파장의 빛을 흡수하며, 그 물질의 색은 흡수된 파장을 제외한 가시광선 파장들에 의해 결정된다. 즉 물질은 흡수된 파장의 보색(complementary)이 되는 색깔을 띤다. $Ti(H_2O)_6^{3+}$ 이온은 황록색 영역의 빛을 흡수하고 적색이나 청색은 그대로 통과시키므로 보라색을 띤다. $Ti(H_2O)_6^{3+}$ 이온이 특정 파장의 가시광선을 흡수하는 이유는 갈라진 $d$ 궤도함수 사이를 $d$ 전자가 이동하는 데에서 찾아볼 수 있다. 주어진 파장의 빛(광자)이 어떤 분자가 필요로 하는 에너지를 꼭 맞게 제공해 줄 수 있을 때에만 그 빛은 주어진 분자에 의해 흡수가 가능하다. 즉 흡수되는 빛의 파장은 다음과 같은 관계가 있다.

$$\Delta E = \frac{hc}{\lambda}$$

여기에서 $\Delta E$는 분자에서의 에너지 차이를 나타내고 $\lambda$는 필요한 파장을 뜻한다.

주어진 금속 이온에 있어서 배위된 리간드에 따라 $d$ 궤도함수의 갈라짐 폭이 결정되기 때문에 리간드가 바뀌면 그 색깔도 달라진다. 이것은 $\Delta$의 변화가 곧 전자를 $t_{2g}$ 궤도함수에서

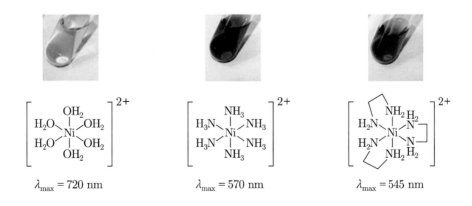

$\lambda_{max} = 720$ nm　　　　　$\lambda_{max} = 570$ nm　　　　　$\lambda_{max} = 545$ nm

$e_g$궤도함수로 전이시키는 데 필요한 파장의 변화를 의미하기 때문이다.

## III. 실험 원리

이번 실험에서는 빈혈치료제에 들어있는 철(iron, $Fe^{2+}$)을 1,10-phenanthroline과 반응시켜 착이온 형성을 통해 착물의 색깔을 관찰하여 보고 흡광도를 측정하여 철의 함량을 알아보는 실험이다. 다음과 같은 과정으로 반응은 진행된다.

Iron(II)-1,10-phenanthroline complex

$$FeSO_4(II) \xrightarrow{\ H^+\ } Fe^{2+} + SO_4^{2-} \qquad : \text{2가의 철 이온을 용해시킴}$$

$$Fe^{2+} \rightarrow Fe^{3+} \qquad : \text{공기노출로 인해 } Fe^{3+}\text{로 산화}$$

$$2Fe^{3+} + 2NH_2OH \cdot HCl + 2OH^- \rightarrow 2Fe^{2+} + N_2 + 4H_2O + 2H^+ + 2Cl^-$$
$$: \text{3가의 철 이온을 2가로 환원}$$

$$Fe^{2+} + 3(phen) \rightarrow [Fe(phen)_3]^{2+} \qquad : [Fe(phen)_3]^{2+} \text{ 착물 합성}$$

철(iron, $Fe^{2+}$)이 1,10-phenanthroline과 6배위 착이온을 형성하는 이유는 다음과 같다. 안정한 상태로 존재하는 유기화합물의 경우에 $2s$ 및 $2p$오비탈에 전자가 모두 채워진 비활성 기체의 전자배치를 모방하는 8 전자규칙이 존재하듯이 마찬가지로 전이금속화합물들에도 역시 같은 주기의 비활성기체의 전자배치를 모방하여, $s, p, d$ 오비탈에 전자를 모두 채워 가장 안정한 상태로 존재하려는 18 전자규칙(18-electron rule)이 존재하기 때문이다.

환원제 hydroxylamine hydrochloride ($NH_2OH \cdot HCl$)는 공기노출로 인해 산화된 철을 환원시킨다. 환원제 hydroxylamine hydrochloride 가 적당히 작용하는 pH는 6-9정도이

므로 이번 실험에서는 pH 8의 완충용액을 사용하도록 한다.

[Fe(phen)$_3$]$^{2+}$ 착물이 합성되면 붉은색 계열의 색깔을 띤다. 이는 배위된 phenanthroline 은 센 장 리간드에 속하므로 Fe$^{2+}$의 $d$ 궤도함수들의 갈라짐 폭이 커지며, [Fe(phen)$_3$]$^{2+}$의 최대 흡수 파장인 510 nm의 빛을 흡수하고, 흡수된 피장의 보색이 되는 색깔을 띠게 되는 것이다.

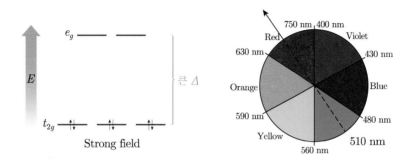

본 실험에서는 UV-Vis spectrum을 사용하여 특정 파장에서의 흡광도(A$_\lambda$)를 측정하며, Beer-Lambert 법칙(부록 A 참고)에 의해 시료의 농도를 계산해 낼 수 있다. 본 실험에서 사용된 [Fe(phen)$_3$]$^{2+}$의 몰흡광계수($\varepsilon_\lambda$)는 11,100 L/mol · cm 이다.

## IV. 실험 기구 및 시약

1) **기구** : 100 mL 부피플라스크, 250 mL 비커, 10 mL 피펫, 피펫 펌프, 막자, 막자사발, 가열 교반기, 교반자석, UV-Vis 분광광도계, 저울, 유산지, 약수저

2) **시약** : 빈혈치료제, 4.00 $M$ HCl, 0.0100 $M$ 1,10-phenanthroline (C$_{12}$H$_8$N$_2$), 0.00500 $M$ hydroxylamine hydrochloride (NH$_2$OH), pH 8.00 완충용액

## V. 실험 방법

### 〈시약 준비〉

1) 1,10-phenanthroline monohydrochloride monohydrate (C$_{12}$H$_8$N$_2$ · HCl · H$_2$O,

Mw = 234.68 g/mol)를 사용하여 0.0100 $M$ 1,10-phenanthroline 수용액 100 mL를 제조한다.

2) 0.00500 $M$ hydroxylamine hydrochloride (NH$_2$OH·HCl, Mw = 69.49 g/mol)) 수용액 100 mL를 제조한다.

3) 35.0% 염산(Mw = 36.458 g/mol, d = 1.18 g/mL)을 사용하여 4.00 $M$ HCl 수용액 100 mL를 제조한다.

4) pH 8.00 완충용액 100 mL : 0.200 $M$ NaHPO$_4$ (119.98 g/mol, 2.40 g) 수용액 100 mL 중 2.65 mL 취함

+ 0.200 $M$ NaH$_2$PO$_3$ (141.96 g/mol, 2.84 g) 수용액 100 mL 중 47.35 mL 취함

+ H$_2$O 50.0 mL

5) 빈혈치료제의 표면 코팅을 벗겨 제거한 뒤 막자를 이용하여 곱게 간다.

### 〈빈혈 치료제의 철 함량 측정〉

1) 가루로 만든 빈혈치료제 약 10.0 mg (0.0100 g)을 화학저울을 이용하여 정확하게 측량 한다.

2) 100 mL 부피 플라스크에 측량한 빈혈치료제를 넣고 4.00 $M$ HCl 20.0 mL를 가한 후 용액이 노란색이 될 때까지 가열(hot plate 설정 160)하며 약 10 분간 교반 한다.

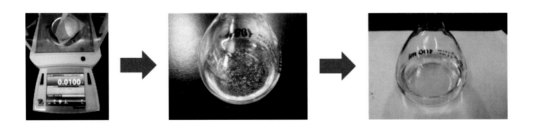

3) 교반 자석을 꺼내고 따뜻한 증류수를 100 mL 표선까지 채운 뒤 10.0 mL를 피펫으로 취해 새로운 100 mL 부피플라스크로 옮긴다.

4) 위 부피 플라스크에 0.00500 $M$ NH$_2$OH · HCl 용액 25.0 mL와 0.0100 $M$ 1,10-phenanthroline 용액 20.0 mL를 가한 뒤 pH 8.00 완충용액을 100 mL 표선까지 가하고 충분히 섞어준다.

5) pH 8.00 완충용액을 영점(blank)으로 하여 시료 UV-Vis 흡광도를 측정한다.

** UV-Vis 분광광도계 설정 (UV-Vis 분광광도계의 사용법은 부록 A 참고)
→ Spectrum Mode

> 셀 타입 : Multi Cell
> 시작 파장 : 350 nm
> 종료 파장 : 650 nm
> 간격 : 10 nm

6) Beer-Lambert 법칙을 이용하여 농도를 계산하고 이를 통해 정량한 빈혈 치료제에 함유된 철의 퍼센트 함량을 계산한다.

# VI. 주의사항

- 실험에 사용되는 1,10-phenanthroline과 hydroxylamine hydrochloride 는 수생생물에게 매우 유독하므로 환경으로 배출하지 않는다.
- 실험에 사용되는 1,10-phenanthroline과 hydroxylamine hydrochloride는 흡입하거나 삼키면 매우 유해하므로 취급 시 주의한다. 특히 hydroxylamine hydrochloride는 피부 접촉 시 자극을 유발할 수 있다.
- Cuvette은 맨손으로 만지지 않는다.
- UV-Vis 분광광도계에 용액을 흘리지 않도록 주의하고 cuvette이 깨지지 않도록 주의하여 다룬다.

## 실험 17. 빈혈치료제의 철 정량

| [학번] | [점수] |
|---|---|
| [이름] | |

## 1. 목적

## 2. 실험 기구 및 시약

**1) 기구** : 100 mL 부피플라스크, 250 mL 비커, 10 mL 피펫, 피펫 펌프, 막자, 막자사발, 가열교반기, 교반자석, UV-Vis 분광광도계, 저울, 유산지, 약수저

**2) 시약** : 빈혈치료제, 4.00 $M$ hydrochloric acid (HCl), 0.0100 $M$ 1,10-phenanthroline $(C_{12}H_8N_2)$, 0.00500 $M$ hydroxylamine hydrochloride $(NH_4OH)$, pH 8.00 완충용액

| | |
|---|---|
| 0.0100 $M$ 1,10-phenanthroline 수용액 100 mL | 1,10-phenanthroline monohydrochloride monohydrate $(C_{12}H_8N_2 \cdot HCl \cdot H_2O$, 234.68 g/mol) _____ g |
| 0.00500 $M$ hydroxylamine hydrochloride 수용액 100 mL | $NH_2OH \cdot HCl$ (69.49 g/mol) _____ g |
| 4.00 $M$ HCl 수용액 100 mL | 35.0% HCl (d=1.18 g/mL, Mw=36.458 g/mol) _____ mL |
| pH 8.00 완충용액 100 mL | 0.200 $M$ monobasic sodium phosphate (119.98 g/mol, 2.40 g) 수용액 <u>2.65 mL</u> + 0.200 $M$ dibasic sodium phosphate (141.96 g/mol, 2.84 g) 수용액 <u>47.35 mL</u> + $H_2O$ <u>50.00 mL</u> |

[계산과정]

# 3. 실험 방법

## 4. 주의사항

## 5. 실험결과표

| 실제 사용한 빈혈치료제의 양 (mg) | |
|---|---|
| 흡광도 ($A_{510nm}$) | |

# 실험 17. 빈혈치료제의 철 정량 결과보고서

| 실험일 | 제출함 No. | 담당교수 | 점 수 |
|--------|-----------|---------|-------|
|        |           |         |       |
| 학 과 | 학 번 | 이 름 | |
|        |           |         |       |

## I. Abstract

## II. Data & Results

[그래프 첨부]

| | | | |
|---|---|---|---|
| 흡광도 ($A_{510nm}$) | | | |
| 철착화합물 농도 ($M$)<br>($c = A/\varepsilon b$, $\varepsilon_{510nm} = 11{,}100$ L/mol · cm) | | | |
| 10.0 mg 빈혈 치료제 내의 철의 질량 (mg) | 사용한 빈혈 치료제의 양 (mg) | | |
| 빈혈치료제 1회분(256mg)의 철의 함량 (mg)<br>(이론값 : 80.0 mg) | | | |
| 오차율 (%) | | | |

# 18 옥살레이트-철 착화합물의 합성과 광화학 반응

## I. 실험 목적

- 옥살레이트-철 착화합물인 $K_3[Fe(III)(C_2O_4)_3]$를 합성한다.
- 분광기를 이용해 $K_3[Fe(III)(C_2O_4)_3]$의 광화학 반응을 정량 분석한다.
- 광화학 반응을 통해 옥살레이트-철 착화합물이 Turnbull's blue를 형성하는 것을 이용하여 청사진을 만들어본다.

## II. 실험 이론

전자구름에 의하여 화학 결합을 형성하고 있는 분자들은 가시광선이나 자외선의 에너지를 흡수하면 전자 구름의 모양이 바뀌면서 불안정하게 되어 화학 결합이 끊어지면서 분해되거나 다른 화합물과 쉽게 반응하게 된다. 화학결합이 빛을 받아서 화학결합이 끊어지거나 분해되어 다른 화합물과 반응하는 화학 반응을 **광화학 반응(photochemical reaction)**이라고 한다. 열에 의한 화학 반응과 마찬가지로 합성, 분해, 중합, 산화 등의 반응이 일어난다.

빛에 의해 물질이 변한다는 사실은 햇빛에 의한 물감의 퇴색처럼 예전부터 관찰되고 있었으며, 탄소 동화 작용 등 널리 알려진 것도 많았으나, 광화학의 기초가 확립된 것은 빛의 본질에 대한 인식이 명확해진 20세기에 들어온 후이다. 20세기 초부터 발전한 양자론과 이를 기초로 한 원자·분자의 규명은 광화학의 이론적 바탕이 되었다. 빛은 광양자(light quantum) 또는 광자(photon)라는 에너지 입자의 흐름이며 빛이 물질에 닿으면 물질 내의 전자가 이 에너지를 얻어 높은 에너지 상태가 된다. 이를 광여기(photo excited)라 한다. 광여기된 물질은 대부분 원상태로 돌아가지만 종류에 따라서는 분해되거나 다른 물질과 화학반응을 일으켜 새로운 물질을 합성한다. 광여기된 원자·분자의 수명, 전자구조, 화학적 성질의 연구에 의해 레이저가 발견되었다.

광화학의 기본 법칙으로는 제 1법칙과 제 2법칙이 있다. 광화학 제 1법칙은 '물질에 의하여 흡수된 빛만이 광화학 반응을 일으킬 수 있다.' 는 것이고, 제 2법칙은 '빛의 흡수는 언제나 광양자를 단위로 하여 이루어지며, 흡수는 항상 분자나 원자가 한 번에 단 하나의 광양자를 둘러싸는 꼴로 일어난다.'는 것이다. 이 제 2법칙은 아인슈타인의 광양자설에 입각하여 빛을 $E = h\nu$($h$는 플랑크 상수, $\nu$은 빛의 진동수)의 에너지를 가지며, $P = h/\lambda$($\lambda$는 빛의 파장)의 운동량을 가진 하나의 입자(광양자)로 생각하여 분자나 원자가 한 번에 하나의 광양자를 둘러싼다는 것을 의미한다.

광화학 반응의 예로는 빛이 반응 분자에 대한 활성화 에너지를 부여하므로 자유 에너지가 증가하는 식물의 광합성을 들 수 있다. 또한 사진 화학, 형광(fluorescence), 인광(phosphorescence) 등의 분야에서도 활용되고 있다.

청사진(blue print)는 설계를 문서화한 기술 도면을 인화로 복사하거나 복사한 도면을 말한다. 청사진은 19세기 영국의 J. F. W. 허셜이 발견하였다. 당시에는 현대의 복사기와 같은 장비가 없었으므로 복잡한 설계도면의 사본을 만드는 일이 쉽지 않았다. 청사진은 일반 반투명한 용지에 도면을 그리고 나서 시트르산 철(III) 암모늄(ammonium ferric citrate) 수용액으로 처리된 인화지에 겹쳐 놓은 뒤 일정 시간 빛에 노출시켜 적혈염($K_3[Fe(CN)_6]$) 수용액으로 씻으면 인화지에 원래 그렸던 도면이 복사되는 방법이다. 현대에는 이를 간략화한 방법이 사용된다. 이렇게 만들어진 청사진의 청색은 햇빛에 쉽게 바래지 않으며 보존성이 좋고 간단하면서도 비용이 저렴하여 도면 등의 복제에 많이 사용된다.


## III. 실험 원리

전이금속 이온의 주위에 여분의 전자쌍을 가진 리간드가 배위하여 만들어지는 착화합물들도 다양한 광화학 반응을 일으킨다. 이 실험에서는 복사기가 대량으로 보급되기 전에 많이 사용하던 청사진에 이용되었던 옥살레이트–철 착화합물을 합성하고, 합성된 착화합물의 광화학 반응을 살펴본다.

## 1. K$_3$[Fe(III)(C$_2$O$_4$)$_3$] · 3H$_2$O 합성

옥살레이트-철 착화합물 K$_3$[Fe(C$_2$O$_4$)$_3$] · 3H$_2$O는 다음과 같은 두 가지 방법으로 쉽게 합성할 수 있다.

[방법 1]   $FeCl_3 \cdot 6H_2O + 3K_2C_2O_4 \cdot H_2O$

$$\rightarrow K_3[Fe(C_2O_4)_3] \cdot 3H_2O + 3KCl + 6H_2O$$

[방법 2]   $Fe(NH_4)_2(SO_4)_2 \cdot 6H_2O + H_2C_2O_4$

$$\rightarrow FeCO_4 \cdot 2H_2O + (NH_4)_2SO_4 + H_2SO_4 + 4H_2O$$

$$2FeC_2O_4 \cdot 2H_2O + H_2C_2O_4 + H_2O_2 + 3K_2C_2O_4 \cdot H_2O$$

$$\rightarrow 2K_3[Fe(C_2O_4)_3] \cdot 3H_2O + 3H_2O$$

이 실험에서는 위의 [방법 1]에서와 같이 Fe(III) 화합물을 출발 물질로 사용해서 한 단계로 합성한다.

## 2. K$_3$[Fe(III)(C$_2$O$_4$)$_3$]의 광화학 반응

[Fe(C$_2$O$_4$)$_3$]$^{3-}$는 253-577 nm의 넓은 파장 범위에서 빛에 아주 민감한 반응을 보인다. 이 착이온은 실험에서 합성된 K$_3$[Fe(C$_2$O$_4$)$_3$] · 3H$_2$O를 물에 녹이면 해리되어 만들어진다. [Fe(C$_2$O$_4$)$_3$]$^{3-}$는 빛을 흡수하면 분자 내 전자 전달과정을 거쳐 다음과 같이 변환된다.(그림 18-1)

이렇게 만들어진 [Fe(II)(C$_2$O$_4$)$_2$]$^{2-}$는 Fe(II)와 (C$_2$O$_4$)$^{2-}$로 산 조건 하에서 쉽게 해리되고, 여기서 생성된 Fe(II)가 첨가한 K$_3$[Fe(III)(CN)$_6$]와 반응하여 [Fe(II)(CN)$_6$]$^{4-}$를 만든다. [Fe(II)(CN)$_6$]$^{4-}$가 Fe(III)와 반응하여 이핵 착화합물을 만든다. 파장에 따른 [Fe(III)(C$_2$O$_4$)$_3$]$^{3-}$의 흡광도와 이 광화학 반응의 양자 수율은 잘 알려져 있기 때문에 빛을 쪼여서 생성된 Fe(II)의 양을 정확히 측정하면 쪼여지는 빛의 양을 구할 수 있다. 이 방법은 빛의 양을 측정하는 광량계(actinometer)로 실험실에서 많이 이용된다.

광화학 반응에 의해 생성된 Fe(II)의 양은 1,10-phenanthroline과 착물 형성을 이용한 분광도법(실험 17 참고)이나 또는 [Fe(CN)$_6$]$^{3-}$와 반응하여 진한 청색의 Turnbull's blue를

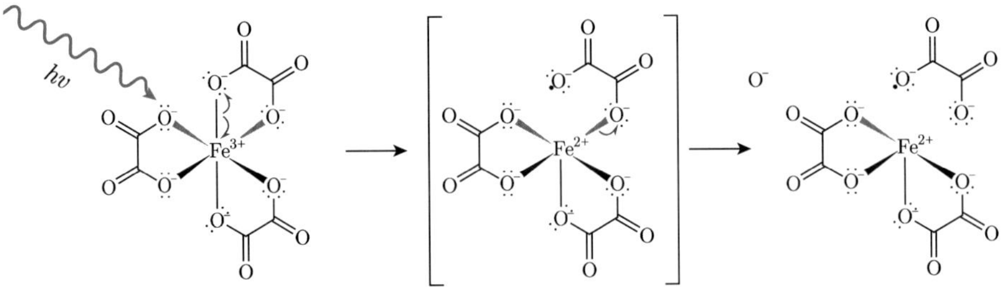

$[\text{Fe(III)}(\text{C}_2\text{O}_4)_3]^{3-} \quad + \quad hv \quad \rightarrow \quad [\text{Fe(II)}(\text{C}_2\text{O}_4)_2]^{2-} \quad + \quad [\text{C}_2\text{O}_4]^{-}$

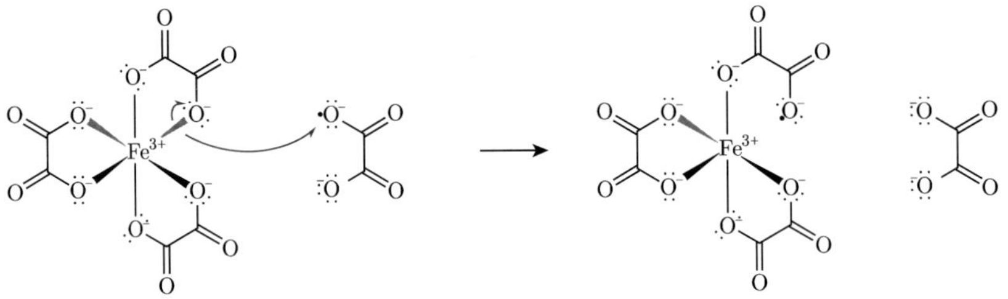

$[\text{Fe(III)}(\text{C}_2\text{O}_4)_3]^{3-} \quad + \quad [\text{C}_2\text{O}_4]^{-} \quad \rightarrow \quad [\text{Fe(III)}(\text{C}_2\text{O}_4)_3]^{2-} \quad + \quad [\text{C}_2\text{O}_4]^{2-}$

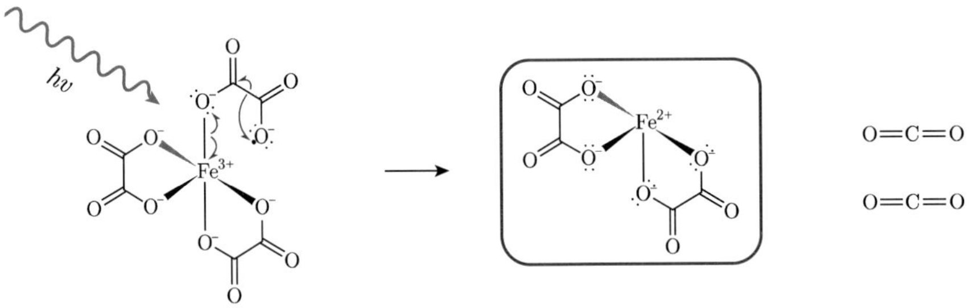

$[\text{Fe(III)}(\text{C}_2\text{O}_4)_3]^{2-} \quad + \quad hv \quad \rightarrow \quad [\text{Fe(II)}(\text{C}_2\text{O}_4)_2]^{2-} \quad + \quad 2\text{CO}_2$

**그림 18-1** 광화학반응 메커니즘

형성하는 것으로 쉽게 알 수 있다.

이 실험에서는 Turnbull's blue를 형성하는 것으로 특정 파장에서의 흡광도를 측정하여 광반응 수율을 확인한다.

청사진 반응도 마찬가지로 Turnbull's blue를 형성하는 것을 이용하여 청사진을 만들어 본다.

$$\text{Fe}^{2+} + \text{K}_3[\text{Fe(CN)}_6] \rightarrow \text{KFe(III)}[\text{Fe(II)(CN)}_6] + 2\text{K}^{+}$$

$$(\text{Turnbull's blue})$$

## IV. 실험 기구 및 시약

**1) 기구** : 감압 여과 장치(아스피레이터, 250 mL 감압 플라스크, 뷰흐너 funnel, 고무 가스켓, 거름종이), 비커, 100 mL 삼각플라스크, 눈금실린더, 호일, 100 mL 부피플라스크, 시험관, 피펫, 피펫 펌프, 백열전등, UV-Vis 분광광도계, cuvette, 스포이드, 시계접시, 오븐, 가열 교반기, 교반자석, 저울, 유산지, 약수저

**2) 시약** : iron(III) chloride hexahydrate ($FeCl_3 \cdot 6H_2O$, Mw = 270.3 g/mol), potassium oxalate monohydrate ($K_2C_2O_4 \cdot H_2O$, Mw = 184.23 g/mol), 0.10 $M$ potassium ferricyanide ($K_3[Fe(III)(CN)_6]$), 증류수, 얼음물, acetone ($C_3H_6O$), sulfuric acid ($H_2SO_4$)

## V. 실험 방법

### 실험 A. $K_3[Fe(III)(C_2O_4)_3] \cdot 3H_2O$의 합성

1) 약 0.0150 mol의 $K_2C_2O_4 \cdot H_2O$를 삼각플라스크에 넣어 7.0 mL의 증류수에 녹인다. (물중탕을 이용하여 끓지 않을 정도로 가열하여 녹이고, 다 녹인 용액은 상온으로 식힌 후 호일로 잘 감싼다.)

2) 약 0.0055 mol의 $FeCl_3 \cdot 6H_2O$를 비커에 넣어 3.0 mL의 증류수에 녹인다.

3) 1번에서 만든 용액에 2의 용액을 가하고 잘 섞는다. 햇빛을 차단하며 얼음물에서 냉각하여 결정을 생성시킨다.

4) 결정화된 생성물을 감압장치와 감압깔때기, 거름종이를 이용하여 거르고, 아세톤으로 세척한 후 건조시킨다. (증류수와 에탄올로 세척하지 말 것.)

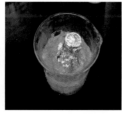

5) 오븐에 약 5분간 건조한다.

6) 무게를 달아 수득률을 계산한다.

## 실험 B. $K_3[Fe(III)(C_2O_4)_3] \cdot 3H_2O$의 광반응

1) 0.10 $M$ $K_3[Fe(III)(CN)_6]$ 용액을 100 mL 부피플라스크를 이용하여 만든다.

2) 실험 A에서 만든 $K_3[Fe(III)(C_2O_4)_3] \cdot 3H_2O$를 0.10 g 취해서 삼각플라스크에 넣어 20 mL의 증류수에 녹인다.

3) 2번 용액 10 mL를 덜어 묽은 황산 ($H_2SO_4$ : $H_2O$ = 1.0 mL : 150 mL) 150 mL와 잘 섞는다.

4) 시험관 3개에 레이블을 하고 3번 용액을 10 mL씩 넣는다.

5) 3개의 시험관 중 첫 번째는 빛을 차단하고, 두 번째는 3 분, 세 번째는 5 분 동안 램프에 노출하여 광반응을 시킨다.

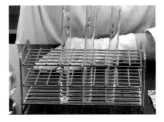 

주의 광반응 이외에는 절대로 빛에 노출되지 않도록 할 것!

6) 광반응이 끝나면 각 시험관에 0.10 $M$ $K_3[Fe(III)(CN)_6]$ 용액 1.0 mL씩 가한다.

7) Spectrometer를 이용하여 690 nm에서의 각 용액의 흡광도를 측정한다.

** UV–Vis 분광광도계 설정 (UV–Vis 분광광도계의 사용법은 부록 A 참고)

→ Spectrum Mode

```
셀 타입 : Multi Cell, 1; 2; 3;
시작 파장 : 450 nm
종료 파장 : 850 nm
간격 : 10 nm
```

## 실험 C. 청사진 만들기

1) 실험 B의 2번에서 만들어둔 $K_3[Fe(III)(C_2O_4)_3]$ 수용액 10 mL에 묽은 황산 수용액 ($H_2SO_4$ : $H_2O$ = 1.0 mL : 150 mL) 1.0 mL를 가하고, 이를 시계접시 위에 붓는다.

2) 시계접시의 용액에 거름종이를 적시고, 어두운 곳 (약 70~80℃ 오븐)에서 건조시킨다.

3) 건조된 거름종이 위에 청사진을 만들 물체를 올리고 빛을 쪼인다. 올려놓은 물체가 거름종이와 밀착될 수 있도록 종이를 시계접시에서 내려 평평한 곳에서 빛에 노출시킨다.

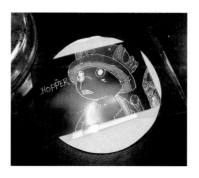

4) 수 분이 지난 후 여과지에 0.10 $M$ K$_3$[Fe(III)(CN)$_6$] 용액을 적시고 증류수로 헹궈준다. 청사진은 건조시켜서 가져갈 수 있다.

## VI. 주의사항

- 합성한 착화합물을 보관할 때 알루미늄 호일로 빛을 차단해서 실험 외의 광반응이 일어나지 않도록 주의한다.
- 분광기에 넣을 cuvette의 취급에 주의한다.
- 중금속은 반드시 중금속 폐수통에 버린다.
- 묽은황산은 반드시 후드 안에서 사용하고, 주의해서 실험하도록 한다.

| [학번] | | [점수] |
|---|---|---|
| [이름] | | |

# 1. 목적

# 2. 실험 기구 및 시약

**1) 기구** : 감압 여과 장치(아스피레이터, 250 mL 감압 플라스크, 뷰흐너 funnel, 고무 가스켓, 거름종이), 비커, 100 mL 삼각플라스크, 눈금실린더, 호일, 100 mL 부피플라스크, 시험관, 피펫, 피펫 펌프, 백열전등, UV-Vis 분광광도계, cuvette, 스포이드, 시계접시, 오븐, 가열 교반기, 교반자석, 저울, 유산지, 약수저

**2) 시약** : iron(III) chloride hexahydrate ($FeCl_3 \cdot 6H_2O$, Mw = 270.3 g/mol), potassium oxalate monohydrate ($K_2C_2O_4 \cdot H_2O$, Mw = 184.23 g/mol), 0.10 $M$ potassium ferricyanide ($K_3[Fe(III)CN]_6$) 수용액, 증류수, 얼음물, acetone ($C_3H_6O$), sulfuric acid ($H_2SO_4$)

| 0.10 M $K_3[Fe(III)CN]_6$ 수용액 100 mL | $K_3[Fe(III)(CN)_6]$ (Mw = 329.24 g/mol) _____ g |
|---|---|
| 묽은 황산 수용액 | $H_2SO_4$ : $H_2O$ = 1 mL : 150 mL |

[계산과정]

# 3. 실험 방법

## 4. 주의사항

## 5. 실험결과표

■ 실험 A. $K_3[Fe(III)(C_2O_4)_3] \cdot 3H_2O$의 합성

| 사용한 $K_2C_2O_4 \cdot H_2O$의 양 | g |
|---|---|
| $K_3[Fe(C_2O_4)_3] \cdot 3H_2O$의 실제 생성량 | g |

■ 실험 B. $K_3[Fe(III)(C_2O_4)_3] \cdot 3H_2O$의 광화학 반응 ($\varepsilon_{690nm}$ = 1700 L/mol · cm)

| 시험관 | A | B | C |
|---|---|---|---|
| 광반응 시간 (분) | 0분 | 3분 | 5분 |
| 흡광도 ($A_{690nm}$) | | | |

# 실험 18. 옥살레이트-철 착화합물의 합성과 광화학 반응
## 결과보고서

| 실험일 | 제출함 No. | 담당교수 | 점 수 |
|---|---|---|---|
|  |  |  |  |
| 학 과 | 학 번 | 이 름 |  |
|  |  |  |  |

## I. Abstract

## II. Data & Results

■ 실험 A. $K_3[Fe(III)(C_2O_4)_3] \cdot 3H_2O$의 합성

| | |
|---|---|
| 사용한 $K_2C_2O_4 \cdot H_2O$의 양 | g |
| 사용한 $K_2C_2O_4 \cdot H_2O$ (184.23 g/mol)의 몰수 | mol |
| $K_3[Fe(C_2O_4)_3] \cdot 3H_2O$의 이론적 생성 몰수 | mol |
| $K_3[Fe(C_2O_4)_3] \cdot 3H_2O$ (491.25 g/mol)의 이론적 생성량 | g |
| $K_3[Fe(C_2O_4)_3] \cdot 3H_2O$의 실제 생성량 | g |
| $K_3[Fe(C_2O_4)_3] \cdot 3H_2O$의 수득률 | % |

■ 실험 B. $K_3[Fe(III)(C_2O_4)_3] \cdot 3H_2O$의 광화학 반응 ($\varepsilon_{690nm}$ = 1700 L/mol · cm)

| 시험관 | A | B | C |
|---|---|---|---|
| 광반응 시간 (분) | 0분 | 3분 | 5분 |
| 흡광도 ($A_{690nm}$) | | | |
| 생성물의 농도 ($10^{-4}$ M) | | | |
| 반응 수율 (%) | | | |

### 실험 B. 흡광도 그래프

[그래프 첨부]

### 실험 C. 청사진 만들기

[사진 첨부]

# 19 비누화 반응

## I. 실험 목적

• 우리의 생활 주변에서 흔히 접할 수 있는 원료로부터 비누를 만들어 보고, 이들의 합성에 이용되는 비누화 반응에 대해 이해한다.

## II. 실험 이론

비누의 기원은 독일의 한 부족이 동물성 지방과 물, 그리고 식물을 태운 재(ash)의 혼합물을 끓임으로써 비누를 만든 데서 시작됐다. 로마시대를 전후로 유럽 대부분의 나라에서는 동물성 지방을 이용해서 만든 비누가 일반적이었다. 그러나 2차 세계대전 이후 인구가 급속도로 증가함에 따라 비누의 수요 또한 급증했다. 이에 이들의 충분한 공급이 어려워짐에 따라 석유로부터 나온 원료를 이용한 합성 세제가 개발되었고, 지금 우리 생활의 대부분을 차지하고 있는 클리닝 시약(cleaning reagent)은 이들 합성 세제가 주를 이룬다.

비누(soap)는 긴 사슬을 갖는 카복실산(carboxylic acid)과 소듐 혹은 포타슘이 이루는 염(salt)을 말한다. 다시 말해, 비누 분자는 탄화수소 사슬(hydrocarbon chain)과 카복실산기(carboylate group)로 구성되어 있다. 예를 들어, 스테아르산의 소듐 염($C_{17}H_{35}COONa$)은 다음 그림과 같이 두 부분으로 나눌 수 있다.

극성 머리          비극성 꼬리

| 극성<br>(ionic or polar structure) | 비극성<br>(hydrocarbon–like structure) |
|---|---|
| 소유성(lipophobic) | 친유성(lipophilic) |
| 친수성(hydrophilic) | 소수성(hydrophobic) |
| 물에 용해 | 비극성 용매(nonpolar solvent)에 용해 |

먼지나 더러운 때 등의 기름기 있는 물질 대부분은 탄화수소 사슬로 이뤄진 분자로, 비누의 탄화수소 부분, 비극성(non-polar)인 꼬리 부분과 상용성을 갖기 때문에 비누 분자가 기름기 있는 먼지 입자와 만나게 되면, 비누의 탄화수소 사슬이 이들을 감싸서 마이셀(micelle)을 형성하게 된다. 그리고 마이셀 표면의 친수성인 카복실기는 주위의 물 분자와 상호작용을 통해 옷이나 피부로부터 먼지를 떼어내게 된다. 이렇게 떨어져 나온 때 입자들은 겉 표면의 음전하를 띠는 카복실기 사이에 정전기적으로 반발력이 작용하여 분산된 상태로 존재하게 된다.

## 1. 비누화 반응

일반적으로 유지(기름이나 지방)는 탄소수가 많은 고급지방산($CnH_{2n+1}COOH$)인 스테아르산(stearic acid, $C_{17}H_{35}COOH$), 팔미트산(palmitic acid, $C_{15}H_{31}COOH$), 올레산(oleic acid, $C_{17}H_{33}COOH$) 등과 글리세롤(glycerol, $CHOH(CH_2OH)_2$)과의 에스터 혼합물이다. 트라이글리세라이드(triglyceride)라고 하며 글리세린 한 분자에 지방산 3분자가 에스터 결합을 한 구조이다.

올레산과 같은 불포화 지방산을 많이 포함하고 있는 유지는 녹는점이 낮다. 즉 실온에서 고체인 지방은 불포화 지방산의 비율이 적고, 실온에서 액체인 기름은 이 비율이 크다.

$$3C_nH_{2n+1}COOH \quad + \quad \begin{matrix} H_2C-OH \\ | \\ HC-OH \\ | \\ H_2C-OH \end{matrix} \quad \longrightarrow \quad \begin{matrix} O \\ \| \\ H_2C-O-C-C_nH_{2n+1} \\ O \\ \| \\ HC-O-C-C_nH_{2n+1} \\ O \\ \| \\ H_2C-O-C-C_nH_{2n+1} \end{matrix}$$

fatty acid       glycerol       triglyceride

유지를 알칼리와 함께 끓이면 **비누화(saponification)**가 일어나서 지방산의 금속 염과 글리세롤이 생긴다. 이 고급지방산의 금속 염이 비누이며 금속의 종류에 따라 나트륨 비누, 칼륨 비누, 아연 비누 등으로 나눌 수 있으며 각각의 특성에 따라 용도도 다르다.

지방산을 RCOOH로서 표시한다면 유지의 비누화는 다음과 같이 쓸 수 있다.

$$\begin{matrix} O \\ \| \\ H_2C-O-C-R_1 \\ O \\ \| \\ HC-O-C-R_2 \\ O \\ \| \\ H_2C-O-C-R_3 \end{matrix} \quad + \quad 3NaOH \quad \longrightarrow \quad \begin{matrix} H_2C-OH \\ | \\ HC-OH \\ | \\ H_2C-OH \end{matrix} \quad + \quad \begin{matrix} R_1COONa \\ \\ R_2COONa \\ \\ R_3COONa \end{matrix}$$

triglyceride       glycerol       soap

이 반응은 강염기 조건에서 에스터 분해 반응 메커니즘으로 다음과 같이 진행된다.

단계 1. 에스터의 카보닐 탄소를 수산화 음이온이 공격하여 음이온 중간체를 형성한다.
단계 2. 알콕사이드의 방출을 통해 카복실산을 생성한다. 수산화 음이온이 떨어지면 출발물 에스터로 돌아가는 역반응도 일어날 수 있다. (평형 반응)
단계 3. 알콕사이드 이온($R'-O^-$)은 강염기(짝산의 $pk_a$ 값은 약 16 전후)이므로 카복실산(일반적으로 $pk_a$ 값은 약 4.5 전후)의 양성자를 취해 지방산 금속 염($R-COO^- M^+$)을 생성하고 자신은 중성인 알코올로 전환된다.

용액 중에서 만들어진 비누를 분리하기 위해서는 염화 소듐과 같은 전해질을 용액에 넣어준다. 전해질은 물 속에서 모두 해리하기 때문에 전해질의 이온보다 극성이 작은 비누 분자들은 서로 엉키게 된다. 이런 현상을 염석 효과(salting-out effect)라고 한다. 필터를

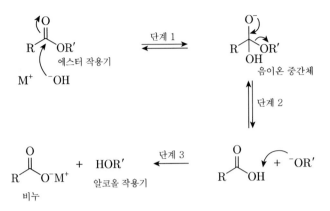

**그림 19-1** 비누화 반응 메커니즘

통해 비누를 용액으로부터 분리한 후 차가운 물로 세척하여 순수한 비누만을 얻게 된다. 비누를 만들 때는 수산화 소듐이나 지방이 남아 있지 않도록 하는 것이 좋다.

이 실험에서 문제가 되는 것은 비누화 반응에서 원료 유지의 양에 대해 수산화 나트륨(NaOH)을 얼마나 가하면 좋을까 하는 것이다. 이 양을 결정하기 위해서는 각종 유지에 따라 값이 다른 **비누화 값**(saponification value)을 알아야 한다. 비누화 값은 지정된 조건에서 유지 1 g을 비누화하는데 필요한 수산화 포타슘(KOH)의 mg 수를 말한다. 유지의 지방산의 알킬기가 작을수록 비누화 값은 커진다. 또 같은 탄소수의 알킬기일 때는 이중결합이 많을수록 비누화 값도 크게 된다.

비누화 반응에서 과량의 강염기를 사용하면 비누화 반응이 끝나고 난 후 사용한 강염기가 남아 있게 되어 비누가 염기성을 띠고 피부를 따갑게 하거나 손상시킬 수 있다. 반면 적정량 보다 적은 양의 강염기를 사용하면 염기가 다 사용되어도 비누화 반응이 완전하게 끝나지 않게 되어 지방이 남아 있게 된다. 부드러운 비누를 만들려고 일부러 10% 정도로 강염기 양을 적게 사용할 수 있다. 하지만 강염기의 양이 너무 적으면 남는 지방량이 많아지므로 지방이 산화되면서 불쾌한 냄새가 나고 비누가 너무 물러지기도 한다. 따라서 적절한 양의 강염기 사용은 용도에 맞는 비누를 제조하기 위해 중요한 요소 중의 하나이다.

여러 가지 출발물로 사용되는 지방에 대한 비누화 값은 쉽게 찾을 수 있다. 이 값은 KOH(수산화 포타슘)을 사용하여 얻어진 값이므로 만약 NaOH를 이용하여 비누화 반응을 시키기 위해선 KOH로 얻어진 값을 KOH와 NaOH의 분자량 비(1.403)로 나누어야 한다.

표 19-1  여러 가지 지방의 비누화 값

| 지방 | 수산화<br>포타슘(KOH) | 지방 | 수산화<br>포타슘(KOH) | 지방 | 수산화<br>포타슘(KOH) |
|---|---|---|---|---|---|
| 달맞이꽃 기름 | 188 | 식물성 쇼트닝 | 190 | 코코넛<br>오일(버진) | 258 |
| 땅콩 오일 | 190 | 아보카도 오일 | 188 | 코코넛<br>오일(정제) | 335 |
| 라드유(돼지기름) | 193 | 옥수수 기름 | 190 | 콩기름 | 189 |
| 밀랍(비즈왁스) | 96.6 | 올리브 유 | 187.6 | 팜유 | 198 |
| 시어버터 | 179 | 참기름 | 186 | 포도씨 오일 | 190 |

일정량의 지방이나 오일을 이용하여 비누로 만들 때 필요한 KOH 양 또는 NaOH 양은 다음과 같이 계산할 수 있다.

- **필요한 KOH 양 = 각 지방의 비누화 값 X 사용하는 지방의 양**

- **필요한 NaOH 양 = 계산된 KOH 양 / 1.403**

칼슘이나 마그네슘 등의 양이온이 녹아 있는 물은 센물(hard water)이라 하는데, 센물에서 이들 양이온들은 비누와 녹지 않는 침전물(예를 들어 스테아르산 칼슘)을 형성하여 비누의 세척 효과가 떨어지게 된다. 센물 속에 포함된 이들 양이온들이 모두 반응하여 침전으로 가라앉은 후에야 비누 거품이 일고, 다시 세척 효과를 발휘할 수 있게 된다.

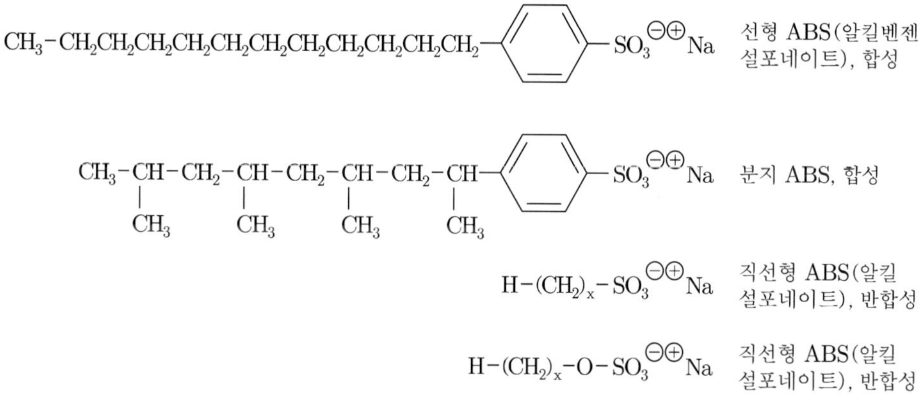

$CH_3 - CH_2CH_2CH_2CH_2CH_2CH_2CH_2CH_2CH_2CH_2CH_2$ —⟨ ⟩— $SO_3^{\ominus}{}^{\oplus}Na$    선형 ABS(알킬벤젠 설포네이트), 합성

$CH_3 - CH - CH_2 - CH - CH_2 - CH - CH_2 - CH$ —⟨ ⟩— $SO_3^{\ominus}{}^{\oplus}Na$    분지 ABS, 합성
     |      |      |      |
     $CH_3$    $CH_3$    $CH_3$    $CH_3$

$H - (CH_2)_x - SO_3^{\ominus}{}^{\oplus}Na$    직선형 ABS(알킬 설포네이트), 반합성

$H - (CH_2)_x - O - SO_3^{\ominus}{}^{\oplus}Na$    직선형 ABS(알킬 설포네이트), 반합성

**그림 19-2**  공업적으로 생산되는 물빨래용 합성 세제들

이러한 단점을 보완하기 위해 카복실산-금속 염이 아닌 설폰산-금속 염을 가지고 있는 합성 세제가 개발되었다. 술폰산 음이온은 금속 이온과 결합하여 앙금을 형성하지 않기 때문에 센물에서도 사용할 수 있다.

## 2. 염료

염료(dye)는 넓은 뜻으로는 섬유 등 착색제의 총칭이나 좁은 뜻으로는 물이나 기름에 녹아 단분자로 분산하여 섬유 등의 분자와 결합하여 착색하는 유색 물질만을 가리킨다.

물이나 기름에 녹지 않고 가루인 채로 물체 표면에 불투명한 유색막을 만드는 안료와 구별한다. 물체에 따라서는 같은 유색 물질(색소)이 염료로 사용되는 경우도 있고, 안료로 사용되는 경우도 있다.

염료를 형성하는 분자는 방향족고리를 포함하며, 주요 부분은 평면구조를 기본으로 하고 아조(azo)기, 니트로(nitro)기, 니트로소(nitroso-radical)기, 카보닐(carbonyl)기, 티오카르보닐(thiocarbonyl)기, 에틸렌(ethylene)기, 아세틸렌(acetylene)기 등 불포화결합을 가지는 원자단을 하나 이상 포함한다. 일반적으로 이와 같은 원자단을 가지는 유기화합물은 원자단에 특유한 파장의 빛을 흡수하고, 보색이 그 물질의 색임을 육안으로 알 수 있다. 이와 같이 광선의 흡수를 일으키는 원자단을 발색단(chromophore)이라고 한다. 발색단이 지방족 화합물에 붙어 있으면 가시광선의 흡수는 약하고, 방향족 화합물에 있으면 강력한 흡수를 한다. 염료 분자의 기체가 방향족인 것은 이 때문이다.

일반적으로 물질의 색이 노랑에서 보라로 변하는 것을 색이 깊어진다고 하고, 그 반대를 색이 얕아진다고 하며, 색이 깊어지는 원인이 되는 원자단을 장파색단, 색인 얕아지는 원인이 되는 원자단을 단파색단이라고 한다. 또 발색단을 가지는 니트로 벤젠(nitrobenzene), 아조 벤젠(azobenzene), 안트라퀴논(anthraquinone) 등을 색원체(chromogen)라 한다. 그러나 모든 색원체가 유색은 아니며, 또 섬유 등에 염착되는 성질이 있는 것은 아니다. 이 경우 산·알칼리와 화합하여 염을 만드는 성질을 가지는 다른 원자단을 색원체에 작용시키면 비로소 발색하고 염착성을 가지게 된다. 이와 같이 색원체에 염료로서 성질을 가지게 하는 원자단을 조색단(auxochrome)이라고 하는데, 수산(hydroxyl)기, 술폰산(sulfonic acid)기, 아미노(amino)기, 메틸아미노(methylamino)기 들이 있다. 조색단은 이러한 염착성의 촉진 외에 색조를 짙게 하는 작용도 가진다. 염료는 발색단과 조색단을 아울러 가지는 방향족 화합물 유도체이다. 염료가 섬유 등에 염착하는 메카니즘은 복잡하고, 또 아직

밝혀지지 않은 점도 많다.

염료는 출발 물질의 종류에 따라 천연 염료와 합성 염료로 나누어진다. 천연 염료는 쪽, 꼭두서니, 심황 등의 식물성 염료와 코티닐(cochineal) 등 동물성 염료로 대별된다. 이에 대하여 합성 염료는 콜타르(coal tar) 등에 함유된 벤젠, 나프탈렌(naphthalene), 안트라센(anthracene) 등을 출발 원료로 하여 합성한 것으로, 20세기에 들어와서 천연염료의 분자구조가 해명되고, 또 유기화학이 발달함에 따라 이것을 합성하는데 성공하여 합성 염료가 천연 염료를 대체하게 되었다.

## III. 실험 원리

이 실험에서 사용하는 코코넛 오일은 라우르산(lauric acid, $C_{12}$) 글리세라이드가 주성분으로 소량의 카프르산(capric acid, $C_{10}$)이나 카프릴산(caprylic acid, $C_8$) 등의 저급 지방산의 글리세라이드를 함유한다. 천연으로 산출되는 글리세라이드는 대부분 그 성분이 지방산기가 두 종 이상인 혼합 글리세라이드이다. 코코넛 오일의 비중은 0.914~0.938이고, 비누화 값은 253~335로 비누화가 잘 일어난다.

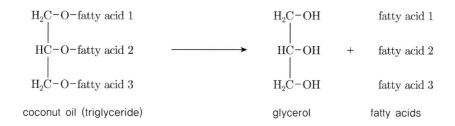

이 실험에서는 비누용 색소를 사용하여 비누를 제조해 보고자 한다. 색소의 양은 개인의 취향에 따라 적당히 넣으면 되는데 통상 100 g에 0.5 g 정도 넣으면 적당하고 예쁜 색을 얻을 수 있다.

천연 색소로는 노랑·파랑 계열은 치자 추출 색소, 주황·빨강 계열은 카로틴, 파프리카나 비트 추출 색소를 사용하여 가장 안정적이고 편리하게 사용할 수 있고, 전용 색소로 판매되는 것들은 여러 가지 섞어서 색을 다양하게 낼 수 도 있고 변색이 잘 되지 않는 장점이 있다. 식용 색소를 사용하기도 하는데 가격이 저렴하고 색도 예쁘게 나오지만 비누에 따라서 색이 변색되는 경우가 있고 민감성 피부에서 간혹 트러블을 일으키기도 한다.

표 19-2 코코넛 오일의 전형적인 지방산 조성

| Fatty acid | % | nomenclature |
|---|---|---|
| 카프릴산(caprylic acid) | 8 | 8:0 |
| 카프르산(capric acid) | 8 | 10:0 |
| 라우르산(lauric acid) | 50 | 12:0 |
| 미리스트산(myristic acid) | 16 | 14:0 |
| 팔미트산(palmitic acid) | 8 | 16:0 |
| 스테아르산(stearic acid) | 2 | 18:0 |
| 올레산(oleic acid) | 5 | 18:1 |
| 리놀렌산(linoleic acid) | 2 | 19:2 |

# IV. 실험 기구 및 시약

1) **기구** : 100 mL 비커, 10 mL 피펫, 피펫 펌프, 눈금 실린더, 온도계, 가열 교반기, 교반자석, 저울, 유산지, 약수저, 감압 여과 장치(아스피레이터, 250 mL 감압 플라스크, 뷰흐너 funnel, 고무 가스켓, 여과지), pH 시험지, 비누 모양 만들기 틀(개인준비)

2) **시약** : 코코넛 오일, 에탄올, 10% sodium hydroxide (NaOH), sodium chloride (NaCl), 증류수, 얼음물, 비누용 색소

# V. 실험 방법

1) 100 mL 비커에 액체상의 코코넛 오일 10 g을 피펫으로 조심히 옮겨 담아 그 무게를 0.01 g 단위까지 잰다.

2) ①의 비커에 에탄올 20 mL를 교반하면서 천천히 붓고 균일해질 때까지 혼합한다. 다시 여기에 10% NaOH 용액 20 mL를 교반하면서 천천히 가한다.

3) 앞에서 준비한 혼합 용액을 교반하면서 20~30분 동안 가열(85℃, hot plate 설정 180)하여 비커의 최종적인 수위가 25 mL가 되도록 한다.

   ※ 비누가 만들어지는 반응은 속도가 느리기 때문에 충분히 오랫동안 교반하면서 가열해야 한다. 가열하는 동안 거품이 일면 혼합물이 과열된 경우이므로 혼합물이

갑자기 끓지 않도록 주의한다.

  ※ 가열하는 동안 비커의 수위가 25 mL 이하가 되면 소량의 증류수를 비커 내벽에 뿌려 준다.

4) 비누화 반응이 완결되었는지 확인한다.

  ※ 반응이 완결되면 용액 전체가 반투명하고 점성을 띠며 거품이 있는 상태가 된다.

5) 포화 NaCl 수용액(8 g NaCl/25 mL 증류수)을 준비한다.

6) 충분한 양의 증류수를 미리 ice bath에 담궈 차게 준비한다.

7) 반응이 완결되면 hot plate의 전원을 끄고 비커를 ice bath에 담궈 교반하면서 식힌다. (점성을 띠는 혼합물은 비누, 글리세롤, 과량의 NaOH의 혼합물임) 〈색소 첨가〉

8) ice bath의 혼합물이 뻑뻑해지면, ⑤에서 미리 준비한 포화 NaCl 수용액을 붓고 격렬히 교반한다. (과량의 NaOH와 글리세롤이 녹아 있는 상태)

  ※ 이 때 잘 저어주지 않으면 큰 덩어리가 생기게 된다. 덩어리가 생길 경우에는 약수저를 이용해서 덩어리를 잘게 부수어 덩어리 속에 포함된 NaOH와 글리세롤이 물에 녹아 나오도록 한다.

9) 여과지를 뷰흐너 깔때기에 밀착시키고 아스피레이터를 사용하여 ⑧의 용액을 걸러준다. 이 때 미리 준비해 둔 차가운 증류수로 비누를 충분히 씻어준다. pH 시험지로 비누의 pH를 확인한다.

10) 걸러진 비누를 종이나 호일 또는 모양 만들기 틀에 덜어내어 적당한 모양을 만든 후 자연 건조시킨다.

  ※ 이렇게 만든 비누는 사용 전에 며칠 동안 숙성(aging) 과정을 거쳐야 한다. 이 과정 동안 남아 있는 NaOH는 공기 중의 $CO_2$와 반응하여 부식성이 작은 탄산수소 소듐($NaHCO_3$)을 생성한다.


# VI. 주의사항

- 뜨거운 알칼리 용액은 한 방울로도 눈을 멀게 할 뿐 아니라 강한 부식성을 가지므로, 반드시 보안경을 착용하고 옷이나 피부에 묻지 않도록 조심한다.
- 비누에 NaOH가 너무 많이 남아서 pH가 8.5 이상이면 사용할 수 없다.
- Hot plate가 과열되지 않도록 주의한다.

| 실험 19. 비누화 반응 | [학번] | [점수] |
| | [이름] | |

## 1. 목적

## 2. 실험 기구 및 시약

**1) 기구** : 100 mL 비커, 10 mL 피펫, 피펫 펌프, 눈금 실린더, 온도계, 가열 교반기, 교반자석, 저울, weighing paper, spatula, 감압 여과 장치(아스피레이터, 250 mL 감압 플라스크, 뷰흐너 funnel, 고무 가스켓, 여과지), pH 시험지, 비누 모양 만들기 틀(개인준비)

**2) 시약** : 코코넛 오일, 95% 에탄올, 10% sodium hydroxide (NaOH), sodium chloride (NaCl), 증류수, 얼음물, 비누용 색소

| 10% NaOH 수용액 20 mL | NaOH (Mw = 39.997 g/mol) _____ g |

[계산과정]

## 3. 실험 방법

## 4. 주의사항

## 5. 실험결과표

- 비누 제조

| 비누의 pH | |
|---|---|
| | |

# 실험 19. 비누화 반응 결과보고서

| 실험일 | 제출함 No. | 담당교수 | 점 수 |
|---|---|---|---|
|  |  |  |  |
| 학 과 | 학 번 | 이 름 |  |
|  |  |  |  |

## I. Abstract

## II. Data & Results

■ 비누 합성

| 비누의 pH | |
|---|---|

[사진 첨부]

# 20    PDMS를 이용한 미세접촉 인쇄

## I. 실험 목적

• 유기금속 반응을 통해 가교되는 투명 고무인 PDMS를 도장으로 사용하여 자기조립 단분자막의 미세접속(microcontact) 전사(transcription) 실험을 수행한다.

## II. 실험 이론

동그랗고 작은 자석들을 충분히 가까운 거리에 뿌려놓으면, 곧바로 서로 붙으면서 긴 줄을 만든다. 이 때 자석들을 끄는 힘은 서로의 자성인데 입자도 이와 비슷하게 움직일 수 있다. 외부에서 힘을 가하지 않는데도 입자들이 스스로 정렬하는 것을 **자기조립(self-assembly)**이라고 한다.

입자들끼리 전기적 끌림을 갖거나, 화학결합 등의 상호작용을 하면서 입자들이 카펫을 짜듯 정렬한다. 자기조립이 진행되면서 시스템은 정적이고 평형에 가까워진다. 반면 외부에서 힘을 가할 때'만' 조립된 상태를 유지하는 시스템을 **동적 자기조립(dynamic self-assembly)**이라고 한다. 예를 들어, 빛을 쬐면 분자 형태가 바뀌면서 정렬하는 나노 입자도 있고, 자기장을 가하면 정렬하는 입자들도 있다. 자기조립을 조절할 수 있기 때문에 훨씬 **스마트**한 물질이다.

또한 자기조립은 **전통적인** 공유, 이온 또는 금속 결합 보다는 상대적으로 약한 상호 작용(예: van der Waals, 모세관, $\pi-\pi$, 수소 결합 등)이 중요한 역할을 한다. 일반적으로 10배 정도 에너지가 적지만, 이러한 약한 상호 작용은 재료 합성에서 중요한 역할을 한다.

자기 조립을 위한 빌딩 블록은 원자와 분자뿐만 아니라 다양한 화학 성분, 모양 및 기능성

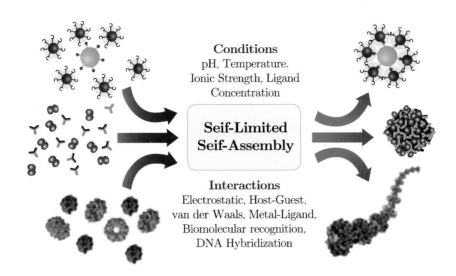

Conditions
pH, Temperature.
Ionic Strength, Ligand
Concentration

Seif-Limited
Seif-Assembly

Interactions
Electrostatic, Host-Guest,
van der Waals, Metal-Ligand,
Biomolecular recognition,
DNA Hybridization

을 가지는 광범위한 나노 및 중간보기적(mesoscopic) 구조에 걸쳐 있다. 반구형, 이량체, 디스크, 막대, 분자 및 다량체와 같은 복잡한 구조를 갖는 미세 입자도 포함된다.

약한 상호 작용과 열역학적 안정성이라는 이 두 가지 특성은 자기조립 시스템에서 흔히 볼 수 있는 또 다른 특징이며, 외부 환경에 의해 야기된 변화를 안정화하기 위해 발생될 수 있다. 이는 열역학적 변수가 구조에 큰 변화를 가져오고 새로운 형태의 평형에 도달하기 위해 구조물에 변화를 일으킬 수 있다는 것을 의미한다. 또한 약한 상호작용은 구조물의 유연성을 담당하며 열역학에 의해 결정된 방향으로 구조를 재배열한다. 구조체에 가해진 변화에 대한 열역학적 변수를 시작 조건으로 되돌리면 구조가 초기 구성으로 되돌아 갈 수도 있다. 이것은 자기 조립의 또 다른 특성으로 간주되며, 이러한 현상은 공유결합 등과 같은 강한 상호작용에 의해 합성된 물질에서는 관찰되지 않는다.

## III. 실험 원리

### 1. 미세 접촉 인쇄

동전 모양대로 성형된 PDMS의 소수성 표면에 소수성인 알케인싸이올(alkanethiol)을 묻힌 후 은 표면에 알케인싸이올을 전이시키면 도장 모양대로 친수성, 소수성 표면이 형성된다. 이때 알케인싸이올과 은 사이에 다음과 같은 반응이 일어나 매우 안정한 결합이 형성되며 알케인싸이올들의 긴 소수성 사슬들은 분자간 상호작용(분산력)에 의해 조밀하게 자기조립

(self-assembly)되어 소수성 표면 형성 반응의 또 다른 원동력으로 작용한다.

친수성과 소수성이 공존하는 표면에 수증기를 응축시키면 친수성 표면에만 선택적으로 수증기가 응축되어 도장의 모양이 구분될 수 있다.

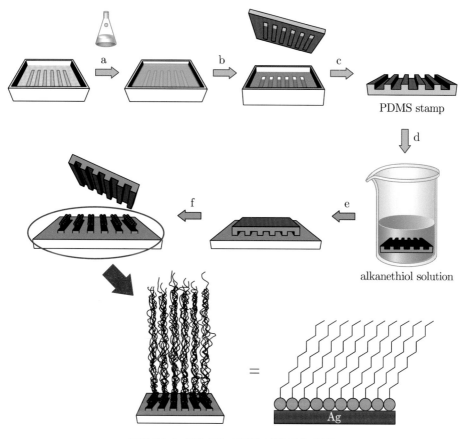

**그림 20-1** PDMS를 사용한 미세 접촉 인쇄

## 2. PDMS

실리콘 고무로 알려져 있는 폴리다이메틸실록세인(polydimethylsiloxane, PDMS)로 탄소-탄소 이중 결합을 기본으로 하는 뷰타다이엔 고무에 비해 열적, 화학적 안정성 및 투명성이 우수한 특징을 가진다. 기본적으로 실리콘-산소 결합의 반복 구조를 뼈대로 하는 실록세인 고분자이며 통상적으로 '고무(elastomer or rubber)'라 하면 고분자들이 서로 가교 반응을 통해 물리적 변형에 대한 복원력을 가지는 물질을 의미한다. 이 실험에서 사용하는

Dow corning사의 Sylgard 184는 사슬 길이가 짧은 실록세인 올리고머(siloxane oligomer)에 포함된 바이닐기(vinyl group)와 가교제에 포함된 실리콘 하이드라이드(Si-OH)가 유기 금속 촉매에 의해 Si-CH$_2$-CH$_2$-Si 결합을 이루는 가교 반응을 이용하여 열적 화학적 안정성, 투명성이 좋은 실리콘 고무를 형성하게 된다.

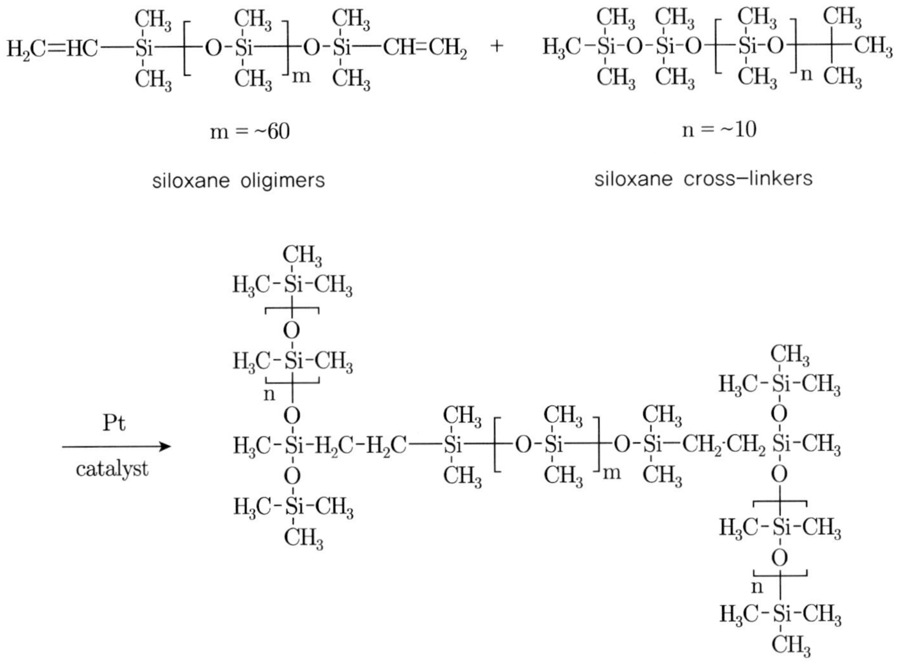

그림 20-2 PDMS의 레진과 가교제의 화학 구조식 및 가교 반응

1) 기질(substrate)의 상대적으로 넓은 영역에 안정적으로 점착할 수 있다. 이는 평탄하지 않은 표면(surface)에 대해서도 동일하게 만족할 수 있다는 장점을 가지고 있다.

2) 계면 자유 에너지(interfacial free energy)가 낮다. 따라서, PDMS로 다른 고분자를 조형할 때, 접착이 잘 일어나지 않아 성형 가공성이 좋다.

3) PDMS는 균질하며(homogeneous), 등방성(isotropic)을 갖고, 광학적으로는 300 nm의 두께까지는 투명하다. 따라서 이러한 성질을 이용하여 광학적 장치를 만드는 데 이용될 수 있다.

4) PDMS는 매우 내구성이 강한 탄성 중합체(elastomer)다. 이 것은 실험에서 조형한 PDMS stamp로 수백 번, 몇 달 동안이나 사용해도 눈에 띄는 열화(degradation)가 일어나지 않은 것으로 파악할 수 있다.

5) PDMS의 계면 성질은 SAMs(self-assembly monolayers)의 형성에 의해 생기는 plasma의 조절에 의해서 쉽게 수정할 수 있고, 이는 물질간에 적절한 계면의 상호작용에 의해서 계면장력(interfacial energy)값이 넓은 영역에 걸쳐 나타날 수 있다.

PDMS는 위와 같은 특성을 가지고 있어 이 실험에서 스탬프로서 사용된다. 즉 PDMS는 알케인싸이올과 같은 유기 물질이 매우 균일하게 코팅될 수 있는 소수성 표면을 가지고 있고, 수백 nm 이하의 매우 작은 선폭으로 원하는 모양을 기질 표면 위로 인쇄할 수 있으며, 도장을 여러 번 반복하여 재사용할 수 있으므로 미세 접촉 인쇄는 반도체 공정 등의 공정 비용을 절감할 수 있는 획기적인 방법으로 각광받고 있다.

## IV. 실험 기구 및 시약

**1) 기구** : 비커, 현미경 슬라이드, 페트리 접시, 10 mL 피펫, 피펫 펌프, 스포이드, 면봉, 은박 접시, 핀셋, 가열 교반기, 교반자석, 저울, 유산지, 약수저, 오븐, 동전
**2) 시약** : 0.10 $M$ silver nitrate (AgNO$_3$), 0.80 $M$ potassium hydroxide (KOH), NH$_4$OH 용액(진한 암모니아수), 0.50 $M$ glucose, Dow corning Sylgard$^{TM}$ Elastomer 184 kit (PDMS 염기와 경화제), hexadecanethiol (C$_{16}$H$_{33}$SH), 에탄올

## V. 실험 방법

### 〈시약 준비〉

1) AgNO$_3$ (Mw = 169.87 g/mol)를 사용하여 0.10 $M$ AgNO$_3$ 수용액 10 mL를 제조한다.
2) KOH (Mw = 56.1056 g/mol)를 사용하여 0.80 $M$ KOH 수용액 10 mL를 제조한다.
3) NH$_4$OH 용액 : 진한 암모니아수를 희석하지 않고 그대로 사용한다.
4) Glucose (Mw = 180.16 g/mol)를 사용하여 0.50 $M$ glucose 용액 10 mL를 제조한다.
5) 알케인싸이올 용액 : hexadecanethiol 10 방울 + 에탄올 20 mL

## 실험 A. 슬라이드 글라스에 은코팅하기

1) 비커에 0.10 $M$ AgNO$_3$ 수용액 10.0 mL를 넣고 0.80 $M$ KOH 수용액 5.0 mL를 더한다. 검은 빛깔의 침전물이 생긴다.
2) NH$_4$OH 용액을 떨어뜨려 검게 생긴 침전물을 녹인다. → 활성 은 용액(active silver solution)
3) 페트리 접시에 유리 슬라이드를 놓고 0.50 $M$ glucose 용액 12방울, 활성 은 용액 40방울을 떨어뜨린다.
4) 페트리 접시를 살살 흔들어서 은 코팅이 되도록 한다.
5) 물로 씻어낸다.

## 실험 B. PDMS 도장 만들기

1) 은박 접시에 8.00 g의 Sylgard 고분자 염기에 0.80 g의 경화제를 넣고 면봉을 이용하여 충분히 섞는다.
2) 15분간 기포가 제거되도록 놓아 둔다.
3) 은박 접시에 동전을 넣고 121℃ 오븐에서 20분동안 열을 가한다.
4) 상온에서 식히고 PDMS에서 동전을 제거, 도장 가장자리를 따라 절단한다.

## 실험 C. PDMS 도장에 알케인싸이올 잉크 묻히기

1) 알케인싸이올 용액으로 PDMS도장 위를 완전히 덮는다.
2) 1분 후 에탄올로 도장을 씻어낸다.
3) 상온에 두어 에탄올이 증발하도록 한다.
4) 은 코팅된 슬라이드에 도장을 찍는다. (살며시 도장을 접촉시키고 약 10초 후 조심스럽게 떼어낸다.)
5) 도장 찍은 표면에 숨을 불어 동전의 그림 모양이 나타나는 것을 관찰한다.

# VI. 주의사항

- PDMS 염기와 경화제를 충분히 섞이게 저어주고 기포가 완전히 제거된 후에 사용한다.
- 사용한 페트리 접시와 은박 접시 등 시약이 묻은 일회용 기구는 특정 폐기물 쓰레기통에 폐기한다.
- 실험 종료 후 사용한 용액은 각 지정 폐수통에 버린다.

# 실험 20. PDMS를 이용한 미세접촉 인쇄

## 1. 목적

## 2. 실험 기구 및 시약

**1) 기구** : 비커, 현미경 슬라이드, 페트리 접시(또는 종이컵), 10 mL 피펫, 피펫 펌프, 스포이드, 면봉, 은박 접시, 핀셋, 가열 교반기, 교반자석, 저울, 유산지, spatula, 오븐

**2) 시약** : 0.10 $M$ silver nitrate (AgNO$_3$), 0.80 $M$ potassium hydroxide (KOH), NH$_4$OH 용액(진한 암모니아수), 0.50 $M$ glucose, Dow corning Sylgard$^{TM}$ Elastomer 184 kit (PDMS 염기와 경화제), hexadecanethiol (C$_{16}$H$_{33}$SH), 에탄올

| | | |
|---|---|---|
| 0.10 $M$ AgNO$_3$ 수용액 10 mL | AgNO$_3$ (Mw = 169.87 g/mol) | _____ g |
| 0.80 $M$ KOH 수용액 10 mL | KOH (Mw = 56.1056 g/mol) mol) | _____ g |
| 0.50 $M$ glucose 용액 10 mL | glucose (Mw = 180.16 g/mol) | _____ g |

[계산과정]

# 3. 실험 방법

## 4. 주의사항

## 5. 실험결과표

# 실험 20. PDMS를 이용한 미세접촉 인쇄 결과보고서

| 실험일 | 제출함 No. | 담당교수 | 점 수 |
|---|---|---|---|
| | | | |
| 학 과 | 학 번 | 이 름 | |
| | | | |

## I. Abstract

## II. Data & Results

■ 실험 B. PDMS 도장 만들기          실험 C. 알케인싸이올 잉크 묻히기

| [사진 첨부] PDMS 도장 | [사진 첨부] 인쇄물 |
| --- | --- |
|  |  |

# 부록편

# 부록 A. 분광학적 분석법

부피 분석이나 무게 분석 등은 아직도 널리 사용되고 있지만 현대 화학 분석에서 분광학법이 가장 흔히 사용되는 방법이다. 분광학(spectroscopy)은 주어진 화합물에 의해서 방출 또는 흡수되는 전자기 복사선을 연구한다. 어떤 화합물이 흡수 또는 방출하는 복사선의 양은 존재하는 물질의 양에 비례하므로 이 방법은 정량 분석에 이용될 수 있다. 전자기 복사선은 X선, 자외선, 가시광선 및 초음파 등 넓은 에너지 범위에 걸쳐 있어서 여러 가지 분광법이 있다. 그러나 여기에서는 가시광선에 기초한 한 가지 방법만 고려한다.

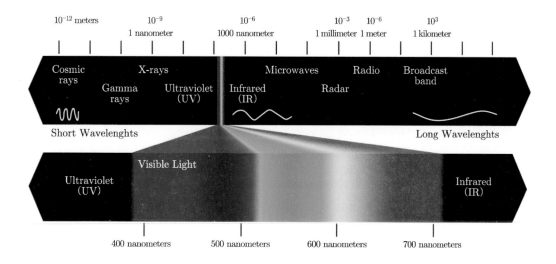

에너지가 양자화되어 있듯이 빛도 양자화되어 있다. 빛의 양자(quantum of light), 즉 광자(photon)의 에너지는 플랑크 상수와 진동수의 곱으로 주어진다. 물질이 전자 전이에 의해 빛을 흡수하거나 방출할 때 흡수되거나 방출되는 광자의 에너지는 다음과 같은 식으로 나타낼 수 있다.

$$\Delta E = h\nu = \frac{hc}{\lambda}$$

가시적인 영역에서의 에너지는 연속적인 에너지 값을 가지고 있는 것처럼 보이지만 분자나 원자들은 연속적인 에너지 값이 아닌 불연속적인 에너지를 가지고 있다. 이러한 불연속적인 에너지는 각각의 에너지 준위를 가지고 있고 그 만큼의 차이를 가지고 있다. 이 에너지 준위 간의 차이에 해당하는 양만큼의 에너지를 잃거나 얻을 수 있다.

UV-Vis spectrophotometer는 이러한 불연속적인 에너지를 가지고 있는 원자나 분자에 특정한 파장의 에너지를 조사시키면 분자나 원자의 고유한 특정 파장을 흡수하여 전자가 들뜨게 된다. 이때 이 흡수한 양을 측정하는 것이다.

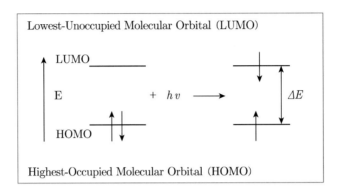

물질이 흡수하는 빛의 세기는 빛의 흡광도 또는 투광도로 측정되는데, 이 성질은 전자 전이의 특성만이 아니라 흡수 물질의 농도와도 관계가 있다.

모든 화합물은 독특한 구조를 가지고 있기 때문에 가시광선이나 자외선을 흡수하는 성질 이 모두 다르다. 분자는 에너지 준위들 사이의 에너지 차이가 광자의 에너지($h\nu$)와 정확히 같은 경우에만 빛을 흡수한다. 따라서 파장을 변화시키면서 분자에 의해서 흡수되는 정도를 나타내는 흡수 스펙트럼은 분자의 종류를 알아내기 위한 방법으로 많이 이용되기도 하지만, 분자가 일정한 파장의 빛을 흡수하는 정도를 측정해서 용액 속에 포함되어 있는 화합물의 농도를 알아내는 목적으로 활용되기도 한다. 액체가 색깔을 띤다면, 액체 중 어떤 성분이 가시광선을 흡수하기 때문이다. 용액 중 빛을 흡수하는 물질의 농도가 클수록 많은 빛을 흡수하고 따라서 용액의 색깔은 더 진해진다.

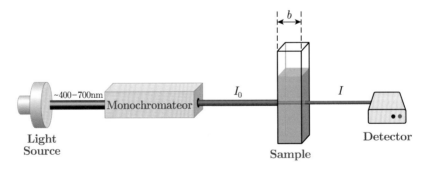

**그림 A-1** 분광광도계의 간단한 구성도

그림 A-1에서 보듯이 어떤 물질에 의해서 흡수되는 빛의 양은 분광광도계(spectro-photometer)로 측정할 수 있다. 이 기기는 가시광선(대략 400~700 nm의 파장) 영역에 있는 모든 파장의 빛을 방출하는 광원, 특정 파장의 빛만을 골라내는 단색화 장치, 측정할 시료 용액의 지지대(sample holder) 및 입사광의 세기 $I_0$와 시료 용액을 통과해 나온 광선의 세기 $I$를 측정하는 검출기 등으로 되어 있다. 시료 용액을 통과할 때 빛의 흡수로 인한 빛의 감소는 $\Delta I = -kI\Delta b$로 나타낼 수 있다. 여기에서 $k$는 비례 상수, (−)부호는 세기의 감소를 의미한다. 이 식은 $\Delta I / I = -k\Delta b$로 다시 쓸 수 있다. 즉, '흡수된 빛의 분율은 통과되는 물질 층의 두께($b$)에 비례한다'는 뜻이다. $b$가 0일 때 입사광의 세기를 $I_0$라고 하고 위 식을 적분하면 다음과 같다.

$$\log \frac{I}{I_0} = -\frac{kb}{2.303}$$

이 식을 Lambert 법칙이라고 한다.

Beer 법칙은 물질의 농도와 흡수되는 빛과의 관계 법칙인데, '흡수된 빛의 분율은 물질의 농도에 비례한다.'는 것이다. 같은 부피 내에서 시료 용질의 농도를 증가시키는 것은 물질의 두께를 증가시키는 것과 같은 효과가 있다. 따라서 위 식의 $k$는 농도 $c$에 비례하게 되므로, $k/2.303 = ac$ 식을 얻을 수 있다. 여기에서 $a$는 새로운 비례 상수이다. 위의 두 식으로부터 Beer−Lambert 법칙의 관계식 $\log I/I_0 = -abc$를 얻을 수 있는데, 여기에서 $I/I_0$의 비를 투광도(transmittance, $T$)라고 하며, 이 크기는 시료를 통과해 나온 빛의 분율이다. 흡수된 빛의 양을 $\log 1/T$을 흡광도(absorbance, $A$)라 한다. 따라서 정량 분석에서 실제 응용하는 **Beer−Lambert 법칙** 관계식은 다음과 같다.

$$A = -\log T = -\log \frac{I}{I_0} = \varepsilon bc$$

여기에서 $b$는 빛이 용액을 통과한 거리(cm)이며, $c$는 빛을 흡수하는 물질의 농도이고 $\varepsilon$은 몰흡수 계수 또는 몰흡광 계수(L/mol·cm)이다. 흡광 세수란 각 화합물이 가지고 있는 고유의 성질인데 입사광의 진동수와 분자의 단면적과 연관이 있다. 빛을 받는 단면적이 크면 더욱 흡광이 잘 일어나고 그 단면적은 분자의 종류에 따라 달라진다. Beer−Lambert 법칙이 정량 분석에서 분광법의 사용에 대한 기초가 된다. 만일 $\varepsilon$와 $b$가 알려져 있으면, 용액의 $A$(흡광도)를 측정하여 용액 중의 빛을 흡수하는 물질의 농도를 계산할 수 있다.

예를 들어, $Co^{2+}$ 이온의 농도를 모르는 분홍색 용액이 있다고 가정하자. 이 시료를 분광광도계에 넣고 어떤 특정 파장에서 흡광도를 측정한다. 이때 $Co^{2+}$의 $\varepsilon$ 값은 12 L/mol · cm이다. 이 용액의 흡광도 $A$가 0.60, 시료 용기의 폭이 1.000 cm이다. $Co^{2+}(aq)$의 농도는 Beer-Lambert 법칙을 사용하여 쉽게 결정할 수 있다.

$$A = \varepsilon bc$$

여기에서

$$A = 0.60$$

$$\varepsilon = \frac{12 \text{ L}}{\text{mol} \cdot \text{cm}}$$

$$b = \text{빛이 통과한 거리} = 1.000 \text{ cm}$$

농도는 다음과 같이 계산된다.

$$c = \frac{A}{\varepsilon b} = \frac{0.60}{\left(\dfrac{12 \text{ L}}{\text{mol} \cdot \text{cm}}\right)(1.000 \text{ cm})} = 5.0 \times 10^{-2} \text{ mol/L}$$

측정한 흡광도로부터 물질의 미지 농도를 얻으려면 다음 식에서 $\varepsilon b$를 알아야 한다.

$$c = \frac{A}{\varepsilon b}$$

$\varepsilon b$는 농도를 알고 있는 용액의 흡광도를 측정하여 구할 수 있다.

$$\varepsilon b = \frac{A}{c}$$

분광도계로 측정

알고 있는
용액의 농도

그러나 더 정확한 $\varepsilon b$값을 일련의 용액에서 농도 $c$에 대한 $A$를 도시하여 얻을 수 있다. 식 $A = \varepsilon bc$에서 $A$를 $c$에 대해 도시할 때 기울기가 $\varepsilon b$인 직선이 얻어진다.

예를 들어, 다음과 같이 분광학적 분석을 생각해 보자. 자전거 몸체의 강철 시료에서 망가니즈의 함량을 분석하고자 한다. 먼저 강철 시료의 무게를 재고, 센 산에 용해시킨 후 센 산화제를 써서 모든 망간을 과망간산 이온($MnO_4^{-}$)으로 산화시켜서 용액 중 자주색의

$MnO_4^-$의 농도를 분광법으로 결정한다. 그러나 이 실험을 하기 전에 먼저 적당한 파장에서 $MnO_4^-$의 $\varepsilon b$값을 결정해야 한다. 4개의 알고 있는 $MnO_4^-$ 농도에 대한 흡광도 값들은 다음과 같다.

| 용액 | $MnO_4^-$ 농도 | 흡광도 |
|:---:|:---:|:---:|
| 1 | $7.00 \times 10^{-5}$ | 0.175 |
| 2 | $1.00 \times 10^{-4}$ | 0.250 |
| 3 | $2.00 \times 10^{-4}$ | 0.500 |
| 4 | $3.50 \times 10^{-4}$ | 0.875 |

이것을 그래프로 나타내면 그림 A-2와 같다. 이 그림에서 직선의 기울기($A$의 변화량/$c$의 변화량)는 $2.48 \times 10^3$ L/mol이다. 이 직선의 기울기가 $\varepsilon b$값을 의미한다. 일반적으로 $b = 1.0$ cm이므로 이 값이 몰흡광 계수($\varepsilon$, L/mol · cm)를 의미한다.

무게가 0.1523 g인 강철 시료를 용해시키고 미지의 양인 망가니즈를 $MnO_4^-$로 산화시켰다. 이것을 최종 부피가 100.0 mL가 되도록 물을 첨가한다. 이 용액 일부를 분광광도계에 넣고 흡광도를 측정한 결과 0.780이었다. 이 값을 써서 강철 중 망가니즈의 백분율을 구하고자 한다. Beer-Lambert 법칙을 써서 이 용액 중에 있는 $MnO_4^-$ 농도를 계산하면 다음과 같다.

$$c = \frac{A}{\varepsilon b} = \frac{0.780}{2.48 \times 10^2 \, \text{L/mol}} = 3.15 \times 10^{-4} \, \text{mol/L}$$

$c$를 결정하는 더 직접적인 방법이 있다. 그림 A-2(때로 **Beer 법칙의 그래프**라고도 함)와 같은 그래프로부터 $A = 0.780$이 되는 농도를 읽는 방법도 있다. 이 방법에서 역시 $c = 3.15 \times 10^{-4}$ mol/L로서 이전에 구한 값과 동일하다.

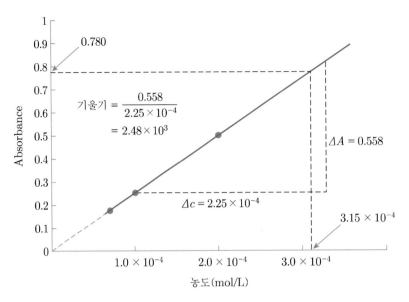

**그림 A-2** 일련의 알고 있는 농도의 $MnO_4^-$의 농도 대 흡광도 그래프

강철 시료 0.1523 g을 녹여서 망가니즈를 $MnO_4^-$로 변환시켰으며 전체 부피는 100.0 mL가 되게 조절했다. 이때 $[MnO_4^-] = 3.15 \times 10^{-4}$ M이다. 이 농도로부터 $MnO_4^-$의 전체 몰수를 계산하면 다음과 같다.

$$MnO_4^- \text{의 몰수} = 100.0\,mL \times \frac{1\,L}{1000\,mL} \times 3.15 \times 10^{-4} \frac{mol}{L} = 3.15 \times 10^{-5}\,mol$$

강철 시료 속의 망가니즈의 몰수와 동일한 $MnO_4^-$의 몰수가 생성된다.

$$1\,mol\,Mn \xrightarrow{\text{산화}} 1\,mol\,MnO_4^-$$

강철 시료 속 망가니즈의 질량은,

$$3.15 \times 10^{-5}\,mol\,Mn \times \frac{54.938\,g\,Mn}{1\,mol\,Mn} = 1.73 \times 10^{-3}\,g\,Mn$$

강철 시료의 전체 무게가 0.1523 g이므로 망가니즈의 백분율은,

$$\frac{1.73 \times 10^{-3}\,g\,Mn}{1.523 \times 10^{-1}\,g\,\text{시료}} \times 100 = 1.14\%$$

이 예는 정량 분석에서 분광법의 전형적인 용도를 설명해 준다. 흔히 수반되는 단계들은

다음과 같다.

1) 농도를 아는 일련의 용액에 대한 흡광도를 측정하여 검정 곡선을 그린다. (Beer 법칙의 그래프)
2) 농도를 모르는 용액의 흡광도를 측정한다.
3) 검정 곡선을 이용하여 농도를 결정한다.

## UV-Vis spectrophotometer 사용법

### ▪ 모델명 : OPTIZEN POP (190~1100 nm)

총 네 가지 측정 모드(Photometric Mode, Quantitation Mode, Spectrum Mode, Kinetics Mode)를 제공하며, 측정하고자 하는 목적에 따라 해당 모드를 선택하여 사용할 수 있다. 일반화학실험에서는 흔히 Spectrum Mode를 사용하여 흡광도를 측정한다.

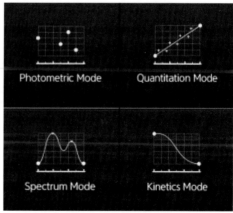

### 〈작동 순서〉

1) 셀홀더에 B(Blank)와 준비한 샘플이 들어있는 cuvette을 차례대로 넣는다. cuvette의 불투명한 부분이 중심을 향하게 넣어야 한다.

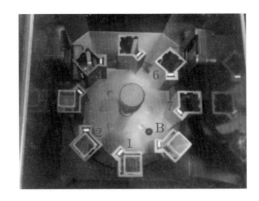

2) 메인 화면에서 ① **[Spectrum Mode]**를 선택한다.

3) ② **[설정]**을 눌러 〈**설정**〉 탭으로 이동한다. 여기에서는 측정에 관련된 내용을 설정한다.

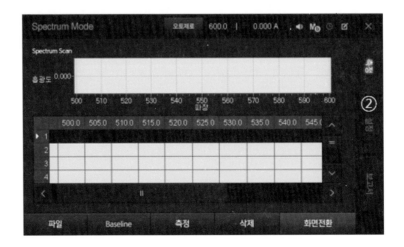

4) 이름, 셀타입, 시작파장, 종료파장, 간격, 메모, Process Mode를 선택, 입력한 후 ③ [확인]을 누른다. (실험마다 설정이 달라진다.)

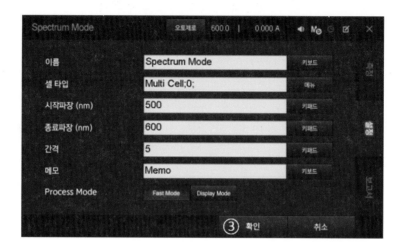

5) 자동으로 〈측정〉 탭으로 이동된다.

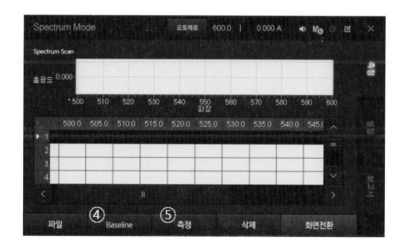

6) ④ [Baseline]을 눌러 실행시킨다.

7) 원하는 파장으로 변경 후, [오토제로]를 실행(선택사항)한 후, ⑤ [측정]을 눌러 흡광도를 측정한다. 측정 데이터를 그래프와 표로 확인할 수 있다.

**〈파일 저장하기〉**

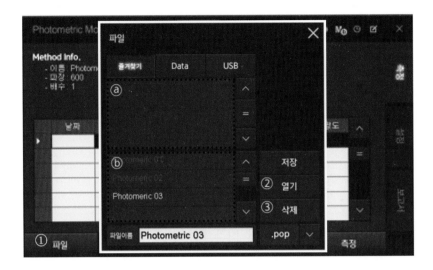

1) ① **[파일]**을 누르면 **〈파일〉** 창이 열린다. [즐겨찾기], [Data], [USB]에서 **[USB]**를 선택하여 파일을 저장한다.

2) ⓐ 폴더 목록에서 저장할 폴더를 선택한다. (cf. ⓑ는 해당 폴더의 파일 목록을 나타냄.)

3) **파일이름 [                    ]**에서 저장할 파일명을 입력한다.

4) **[.txt]** 또는 **[.csv]**로 파일 형식을 지정한다. (지원 확장자 : POP, txt, csv)

   * 데이터 형식

   .POP : 장비에서 사용하는 전용 포맷

   .txt : 텍스트 형식

   .csv : 스프레드시트나 데이터베이스에서 사용 가능한 형식, MS Office Excel과 호환

         가능.

5) ② **[저장]**을 눌러 파일을 저장한다.

6) 파일을 삭제하고자 할 경우, ③ **[삭제]**를 눌러 파일을 삭제한다.

# 부록 B. pH meter 사용법

## 모델명 : STAR A100

### 〈기본 구성 및 연결〉

온도/전도도    PH BNC

전원

유리전극

1) 온도/전도도, pH BNC 부분과 유리전극을 연결한다.
2) 아래와 같이 [mode] 를 눌러 pH 측정으로 이동한다.

어댑터 또는 건전지
사용여부확인

→pH→mV→RmV→

## ⟨pH meter 설정⟩

1) 초기화면에서 setup키를 누르면, 오른쪽 하단과 같은 메뉴 화면을 볼수 있다.

2) ▲ store or ▼ recall 를 사용하여 설정을 변경하며, (mode)(ontor) 를 이용하여 설정을 저장할 수 있다.

3) 메뉴는 1.0부터 7.0까지 있다.

1.0 CONF (configuration) :
　　　　RES 0.1, 0.01 (미터 분해능 설정)
　　　　CAL AUTO, MAN (자동 또는 수종 보정 설정)
　　　　BUF USA, DIN (USA 버퍼 1.68, 4.01, 7.00, 10.01 & 12.46
2.0 GEN (general)
　　　　AUTO ON, OFF (20분 후에 버튼누름 없을 때 화면 꺼지는 기능 설정)
3.0 TEMP - Temperature
4.0 READ - 측정모드
　　　　AUTO, CONT(CONT 측정설정 권장)
5.0 LOG - 내부메모리 삭제 가능
6.0 CAL - 보정데이터를 볼 수 있음
　　　　SLP1, SLP2, SLP3 (보정정보 볼 수 있음)
　　　　BUF1, BUF2, BUF3 (보정에 사용된 버퍼 종류 볼 수 있음)
7.0 RST - 팩토리 리셋

## ⟨pH meter 보정(Calibration)⟩

1) 초기 화면에서 [CAL] 키를 누른다.

2) 잠깐 화면에 ⟨CAL1⟩ 이라고 뜨고, 아래와 같은 화면으로 바뀐다.

3) 전극을 증류수로 세척하고 pH 4 버퍼용액에 담근다.

4) pH 값이 안정화가 되면, 화면 하단에 다음과 같은 메시지가 뜬다.

   〈Press CAL for next point or Enter to finish / Press esc to exit〉

5) [CAL] 를 눌러, 다음 보정으로 넘어간다.

6) 화면에 잠깐 〈CAL 2〉라고 뜨고, 아래와 같은 화면으로 바뀐다.

7) 전극을 증류수로 세척하고 pH 7 버퍼용액에 담근다.

8) pH 값이 안정화가 되면, 화면 하단에 다음과 같은 메시지가 뜬다.

   〈Press CAL for next point or Enter to finish / Press esc to exit〉

9) (mode(ontor)) 를 눌러 보정을 마친다.

# 부록 C. 엑셀을 이용한 외삽 방법

실험을 통해 얻은 결과값을 엑셀을 이용하여 외삽하는 방법은 아래 예시와 같다.

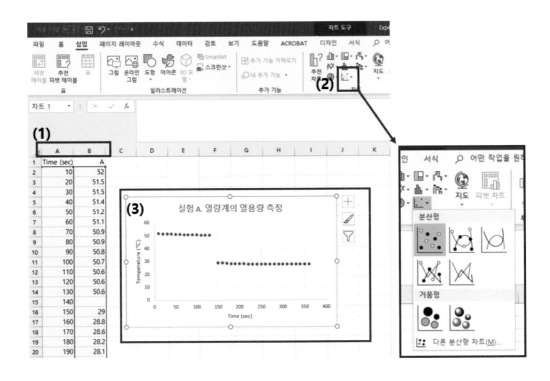

1) Data를 선택한다.
2) 삽입 페이지에서 분산형 차트를 선택한다.
3) Data 그래프가 그려지는 것을 확인한다.

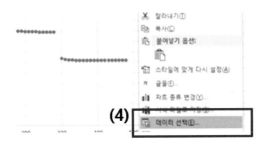

4) 그래프 차트에서 마우스 오른쪽 클릭으로 '데이터 선택'을 클릭한다.

5) 데이터 원본 선택창에서 추가를 누른다.

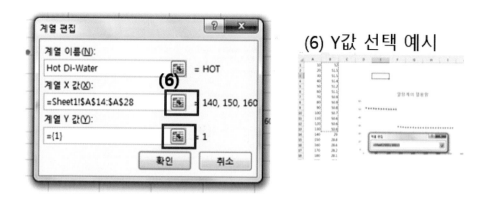

(6) Y값 선택 예시

6) '계열 이름' 칸은 직접 작성한다. 계열 X값의 오른쪽 박스를 클릭하여 X의 범위를 엑셀 스프레드 시트에서 마우스로 드래그하여 선택하고 계역 Y값 또한 동일한 방법으로 선택한다.

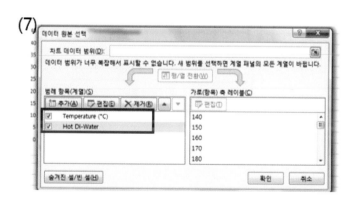

7) 확인을 누르고 데이터 원본 석택창이 뜨면 다시 확인을 누른다. (계열 이름칸에 적은 이름의 Data가 추가된 것을 확인한다.)

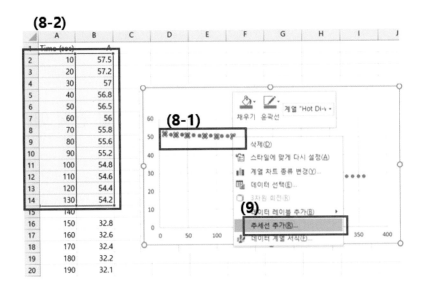

8) 새로 생성된 그래프는 기존의 그래프와 색깔이 다르다. 새로 생성된 그래프를 마우스로 왼쪽 클릭하여 선택하면 예시처럼 그래프에 선택 표시가 나타난다. 또한 클릭한 그래프에 사용된 data가 엑셀 스프레드 시트에 표시된다.

9) 선택된 그래프에 마우스 커서를 올리고 오른쪽 클릭으로 추세선 추가를 선택한다.

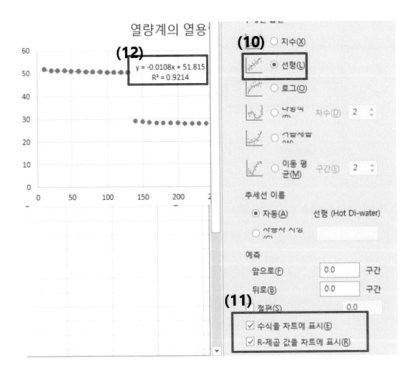

10) 선형이 선택되어 있는지 반드시 확인한다.

11) 빨간색 박스 안에 있는 두개의 선택사항을 반드시 체크표시를 한다.

12) 11번의 두개의 박스에 체크표시를 하면 12번 박스에 있는 그래프의 식과 $R^2$값이 표시된다.

# 부록 D. SI 기본단위

## D-1. SI 기본단위

| 물리적인 양 | 단위명 | 기호 |
|---|---|---|
| 질량 | 킬로그램(kilogram) | kg |
| 길이 | 미터(meter) | m |
| 시간 | 초(second) | s |
| 온도 | 켈빈(kelvin) | K |
| 전류 | 암페어(ampere) | A |
| 물질의 양 | 몰(mole) | mol |
| 빛의 세기 | 칸델라(candela) | cd |

## D-2. SI 유도 단위

| 물리적 양 | 단위명 | 기호 | SI 기본단위 표시 |
|---|---|---|---|
| 진동수 | 헤르츠(hertz) | Hz | $s^{-1}$ |
| 힘 | 뉴톤(newton) | N | $m \cdot kg \cdot s^{-2}$ |
| 압력 | 파스칼(pascal) | Pa | $m^{-1} \cdot kg \cdot s^{-2}$ |
| 에너지 | 주울(joule) | J | $m^2 \cdot kg \cdot s^{-2}$ |
| 일률 | 와트(watt) | W | $m^2 \cdot kg \cdot s^{-3}$ |
| 전하량 | 쿨롱(coulomb) | C | $s \cdot A$ |
| 전위차 | 볼트(volt) | V | $m^2 \cdot kg \cdot s^{-3} \cdot A^{-1}$ |
| 전기용량 | 패러드(farad) | F | $m^{-2} \cdot kg^{-1} \cdot s^4 \cdot A^2$ |
| 전기저항 | 오옴(ohm) | Ω | $m^2 \cdot kg \cdot s^{-3} \cdot A^{-2}$ |
| 전기전도도 | 지멘스(siemens) | S | $m^{-2} \cdot kg^{-1} \cdot s^3 \cdot A^2$ |
| 자기선속 | 웨버(weber) | Wb | $m^2 \cdot kg \cdot s^{-2} \cdot A^{-1}$ |
| 인덕턴스 | 헨리(henry) | H | $m^2 \cdot kg \cdot s^{-2} \cdot A^{-2}$ |
| 조명 | 럭스(lux) | lx | $cd \cdot srm^{-2}$ |

## D-3. SI 단위와 변환 인자

| 양 | SI | SI 등가 | 영미식 | 영미-SI 등가 |
|---|---|---|---|---|
| 길이 | 1 킬로미터(1 km) | 1 킬로미터(1 km) | 0.6214 마일(mil) | 1 마일 = 1.609 km |
| | 1 미터(1 m) | 1 미터(1 m) | 1.094 야드(yd) | 1 야드 = 0.9144 m |
| | | 1000 밀리미터(1 mm) | 39.37 인치(in) | 1피트(ft) = 0.3048 m |
| | 1 센티미터(1 cm) | $0.01(10^{-2})$미터 | 0.3937 인치 | 1인치 = 2.54 cm |
| 부피 | 1 세제곱미터($m^3$) | $1,000,000(10^6)$ | 35.31세제곱피트($ft^3$) | 1 세제곱피트 = 0.02832 $m^3$ |
| | 1 세제곱데시미터($dm^3$) | 1000세제곱센티미터 | 0.2642갤런(gal) | 1 갤런 = 3.785 $dm^3$ |
| | | | 1.057쿼트 | 1 쿼트 = 0.9464 $dm^3$ |
| | | | | 1 쿼트 = 946.4 $cm^3$ |
| | 1 세제곱센티미터($cm^3$) | 0.001 $dm^3$ | 0.03381액체 온스 | 1 액체 온스 = 29.57 $cm^3$ |
| 질량 | 1 킬로그램(kg) | 1000 그램 | 2.205 파운드(lb) | 1파운드 = 0.4536 kg |
| | 1 그램(g) | 1000 밀리그램(mg) | 0.03527 온스(oz) | 1 온스 = 28.35 g |

# 부록 E. 상수 및 주기율표

**단위(Unit):** K = ℃ + 273.15

$$1.000 \text{ atm} = 760.0 \text{ torr} = 1.013 \times 10^5 \text{ Pa}$$

$$K_w = 1.00 \times 10^{-14}$$

$$1 \text{ L} \cdot \text{atm} = 101.3 \text{ J}$$

**상수(Constant):** Gas constant, $R = 0.08206$ L·atm / K·mol $= 8.31451$ J / K · mol

Avogardro's number, $N = 6.022 \times 10^{23}$ mol$^{-1}$

Faraday constant, $F = 96485$ C/mol

Planck's constant, $h = 6.6261 \times 10^{-34}$ J · s

Speed of light, $ch = 2.9979 \times 10^8$ m/s

Electron Volt, $1\text{eV} = 1.60 \times 10^{-19}$ J

Gravity Acceleration, $g = 9.807$ m/s$^2$

## 주기율표(Table)

### PERIODIC TABLE OF THE ELEMENTS

| 1 H 1.008 | | | | | | | | | | | | | | | | | 2 He 4.003 |
|---|---|---|---|---|---|---|---|---|---|---|---|---|---|---|---|---|---|
| 3 Li 6.941 | 4 Be 9.012 | | | | | | | | | | | 5 B 10.81 | 6 C 12.01 | 7 N 14.01 | 8 O 16.00 | 9 F 19.00 | 10 Ne 20.18 |
| 11 Na 22.99 | 12 Mg 24.31 | | | | | | | | | | | 13 Al 26.98 | 14 Si 28.09 | 15 P 30.97 | 16 S 32.07 | 17 Cl 35.45 | 18 Ar 39.95 |
| 19 K 39.10 | 20 Ca 40.08 | 21 Sc 44.96 | 22 Ti 47.88 | 23 V 50.94 | 24 Cr 52.00 | 25 Mn 54.94 | 26 Fe 55.85 | 27 Co 58.93 | 28 Ni 58.69 | 29 Cu 63.55 | 30 Zn 65.39 | 31 Ga 69.72 | 32 Ge 72.61 | 33 As 74.92 | 34 Se 78.96 | 35 Br 79.90 | 36 Kr 83.80 |
| 37 Rb 85.47 | 38 Sr 87.62 | 39 Y 88.91 | 40 Zr 91.22 | 41 Nb 92.91 | 42 Mo 95.94 | 43 Tc (98) | 44 Ru 101.1 | 45 Rh 102.9 | 46 Pb 106.4 | 47 Ag 107.9 | 48 Cd 112.4 | 49 In 114.8 | 50 Sn 118.7 | 51 Sb 121.8 | 52 Te 127.6 | 53 I 126.9 | 54 Xe 131.3 |
| 55 Cs 132.9 | 56 Ba 137.3 | 57 La 138.9 | 72 Hf 178.5 | 73 Ta 181.0 | 74 W 183.8 | 75 Re 186.2 | 76 Os 190.2 | 77 Ir 192.2 | 78 Pt 195.1 | 79 Au 197.0 | 80 Hg 200.6 | 81 Tl 204.4 | 82 Pb 207.2 | 83 Bi 209.0 | 84 Po (209) | 85 At (210) | 86 Rn (222) |
| 87 Fr (223) | 88 Ra 226.0 | 89 Ac 227.0 | 104 Rf (261) | 105 Db (262) | 106 Sg (263) | 107 Bh (262) | 108 Hs (265) | 109 Mt (266) | 110 (269) | 111 (272) | 112 (277) | | 114 (289) | | | | |

| 58 Ce 140.1 | 59 Pr 140.9 | 60 Nd 144.2 | 61 Pm (147) | 62 Sm 150.4 | 63 Eu 152.0 | 64 Gd 157.3 | 65 Tb 158.9 | 66 Dy 162.5 | 67 Ho 164.9 | 68 Er 167.3 | 69 Tm 168.9 | 70 Yb 173.0 | 71 Lu 175.0 |
|---|---|---|---|---|---|---|---|---|---|---|---|---|---|
| 90 Th 232.0 | 91 Pa (231) | 92 U (238) | 93 Np (237) | 94 Pu (242) | 95 Am (243) | 96 Cm (247) | 97 Bk (247) | 98 Cf (249) | 99 Es (254) | 100 Fm (253) | 101 Md (256) | 102 No (254) | 103 Lr (257) |

# 부록 F. 물질의 특성 자료

## F-1. 온도에 따른 물의 증기 압력

| 온도(℃) | 수증기압(mmHg) | 온도(℃) | 수증기압(mmHg) |
|---|---|---|---|
| 0 | 4.58 | 33 | 37.7 |
| 5 | 6.54 | 34 | 39.9 |
| 10 | 9.21 | 35 | 42.2 |
| 15 | 12.8 | 40 | 55.3 |
| 20 | 17.5 | 45 | 71.9 |
| 21 | 18.6 | 50 | 92.5 |
| 22 | 19.8 | 55 | 118.0 |
| 23 | 21.1 | 60 | 149.4 |
| 24 | 22.4 | 65 | 187.5 |
| 25 | 23.8 | 70 | 233.7 |
| 26 | 25.2 | 75 | 289.1 |
| 27 | 26.7 | 80 | 355.1 |
| 28 | 28.3 | 85 | 433.6 |
| 29 | 30.0 | 90 | 525.8 |
| 30 | 31.8 | 95 | 633.9 |
| 31 | 33.7 | 100 | 760.0 |
| 32 | 35.7 | | |

## F-2. 산의 상대적 세기

| 산 | 상대적 세기 | 반응 |
|---|---|---|
| 과염소산 | 매우 세다 | $HClO_4 \rightarrow H^+ + ClO_4^-$ |
| 아이오딘화 수소산 | | $HI \rightarrow H^+ + I^-$ |
| 브로민화 수소산 | | $HBr \rightarrow H^+ + Br^-$ |
| 염산 | | $HCl \rightarrow H^+ + Cl^-$ |
| 질산 | | $HNO_3 \rightarrow H^+ + NO_3^-$ |
| 황산 | 매우 세다 | $H_2SO_4 \rightarrow H^+ + HSO_4^-$ |
| 옥살산 | | $HOOCCOOH \rightarrow H^+ + HOOCCOO^-$ |
| 아황산 | | $H_2SO_3 \rightarrow H^+ + HSO_3^-$ |
| 황산수소 이온 | 세다 | $HSO_4^- \rightarrow H^+ + SO_4^{2-}$ |
| 인산 | | $H_3PO_4 \rightarrow H^+ + H_2PO_4^-$ |
| 철(Ⅲ)이온 | | $Fe(H_2O)_6^{3+} \rightarrow H^+ + Fe(H_2O)_5(OH)^{2+}$ |
| 텔루륨화 수소산 | | $H_2Te \rightarrow H^+ + HTe^-$ |
| 플루오린화 수소산 | 약하다 | $HF \rightarrow H^+ + F^-$ |
| 아질산 | | $HNO_2 \rightarrow H^+ + NO_2^-$ |
| 셀레늄화 수소 | | $H_2Se \rightarrow H^+ + HSe^-$ |
| 크로뮴(Ⅲ) 이온 | | $Cr(H_2O)_6^{3+} \rightarrow H^+ + Cr(H_2O)_5(OH)^{2+}$ |
| 옥살산수소 이온 | | $HOOCCOO^- \rightarrow H^+ + OOCCOO^{2-}$ |
| 아세트산 | 약하다 | $CH_3COOH \rightarrow H^+ + CH_3COO^-$ |
| 알루미늄 이온 | | $Al(H_2O)_6^{3+} \rightarrow H^+ + Al(H_2O)_5(OH)^{2+}$ |
| 탄산 | | $H_2CO_3 \rightarrow H^+ + HCO_3^-$ |
| 황화 수소 | | $H_2S \rightarrow H^+ + HS^-$ |
| 인산이수소 이온 | | $H_2PO_4^- \rightarrow H^+ + HPO_4^{2-}$ |
| 아황산수소 이온 | | $HSO_3^- \rightarrow H^+ + SO_3^{2-}$ |
| 암모늄 이온 | 약하다 | $NH_4^+ \rightarrow H^+ + NH_3$ |
| 탄산수소 이온 | | $HCO_3^- \rightarrow H^+ + CO_3^{2-}$ |
| 과산화 수소 | 매우 약하다 | $H_2O_2 \rightarrow H^+ + HO_2^-$ |
| 일산일수소 이온 | | $HPO_4^{2-} \rightarrow H^+ + PO_4^{3-}$ |
| 황화수소 이온 | | $HS^- \rightarrow H^+ + S^{2-}$ |
| 물 | | $H_2O \rightarrow H^+ + OH^-$ |
| 수산화 이온 | | $OH^- \rightarrow H^+ + O^{2-}$ |
| 암모니아 | 매우 약하다 | $NH_3 \rightarrow H^+ + NH_2^-$ |

# F-3. 평형상수

## F-3.1. 일반적인 일양성자산의 $K_a$값

| 이름 | 화학식 | $K_a$ |
|---|---|---|
| 황산수소 이온 (Hydrogen sulfate ion) | $HSO_4^-$ | $1.2 \times 10^{-2}$ |
| 아염소산 (Chlorous acid) | $HClO_2$ | $1.2 \times 10^{-2}$ |
| 모노클로로아세트산 (Monochloroacetic acid) | $HC_2H_2ClO_2$ | $1.35 \times 10^{-3}$ |
| 플루오린화 수소산 (Hydrofluoric acid) | $HF$ | $7.2 \times 10^{-4}$ |
| 아질산 (Nitrous acid) | $HNO_2$ | $4.0 \times 10^{-4}$ |
| 폼산 (Formic acid) | $HCO_2H$ | $1.8 \times 10^{-4}$ |
| 젖산 (Lactic acid) | $HC_3H_5O_3$ | $1.38 \times 10^{-4}$ |
| 벤조산 (Benzoic acid) | $HC_7H_5O_2$ | $6.4 \times 10^{-5}$ |
| 아세트산 (Acetic acid) | $HC_2H_3O_2$ | $1.8 \times 10^{-5}$ |
| 수화된 알루미늄(III) 이온 (Hydrated aluminum (III) ion) | $[Al(H_2O)_6]^{3+}$ | $1.4 \times 10^{-5}$ |
| 프로판산 (Propanoic acid) | $HC_3H_5O_2$ | $1.3 \times 10^{-5}$ |
| 하이포염소산 (Hypochlorous acid) | $HOCl$ | $3.5 \times 10^{-8}$ |
| 하이포아브로민산 (Hypobromous acid) | $HOBr$ | $2 \times 10^{-9}$ |
| 사이안화 수소산 (Hydrocyanic acid) | $HCN$ | $6.2 \times 10^{-10}$ |
| 붕산 (Boric acid) | $H_3BO_3$ | $5.8 \times 10^{-10}$ |
| 암모늄 이온 (Ammonium ion) | $NH_4^+$ | $5.6 \times 10^{-10}$ |
| 페놀 (Phenol) | $HOC_6H_5$ | $1.6 \times 10^{-10}$ |
| 하이포아아이오딘산 (Hypoiodous acid) | $HOI$ | $2 \times 10^{-11}$ |

## F-3.2. 여러 가지 일반적인 다양성자산의 단계적 해리 상수

| 이름 | 화학식 | $K_{a_1}$ | $K_{a_2}$ | $K_{a_3}$ |
|---|---|---|---|---|
| 인산 (Phosphoric acid) | $H_3PO_4$ | $7.5 \times 10^{-3}$ | $6.2 \times 10^{-8}$ | $4.8 \times 10^{-13}$ |
| 비산 (Arsenic acid) | $H_3AsO_4$ | $5.5 \times 10^{-3}$ | $1.7 \times 10^{-7}$ | $5.1 \times 10^{-12}$ |
| 탄산 (Carbonic acid) | $H_2CO_3$ | $4.3 \times 10^{-7}$ | $5.6 \times 10^{-11}$ | |
| 황산 (Sulfuric acid) | $H_2SO_4$ | Large | $1.2 \times 10^{-2}$ | |
| 아황산 (Sulfurous acid) | $H_2SO_3$ | $1.5 \times 10^{-2}$ | $1.0 \times 10^{-7}$ | |
| 황화 수소산 (Hydrosulfuric acid) | $H_2S$ | $1.0 \times 10^{-7}$ | $\sim 10^{-19}$ | |
| 옥살산 (Oxalic acid) | $H_2C_2O_4$ | $6.5 \times 10^{-2}$ | $6.1 \times 10^{-5}$ | |
| 아스코브산(바이타민 C) (Ascorbic acid(vitamin C)) | $H_2C_6H_6O_6$ | $7.9 \times 10^{-5}$ | $1.6 \times 10^{-12}$ | |
| 시트르산(구연산) (Citric acid) | $H_3C_6H_5O_7$ | $8.4 \times 10^{-4}$ | $1.8 \times 10^{-5}$ | $4.0 \times 10^{-6}$ |

## F-3.3. 몇 가지 일반적인 염기의 값

| 이름 | 화학식 | 짝산 | $K_b$ |
|---|---|---|---|
| 암모니아 (Ammonia) | $NH_3$ | $NH_4^+$ | $1.8 \times 10^{-5}$ |
| 메틸아민 (Methylamin) | $CH_3NH_2$ | $CH_3NH_3^+$ | $4.38 \times 10^{-4}$ |
| 에틸아민 (Ethylamine) | $C_2H_5NH_2$ | $C_2H_5NH_3^+$ | $5.6 \times 10^{-4}$ |
| 다이에틸아민 (Diethylamine) | $(C_2H_5)_2NH$ | $(C_2H_5)_2NH_2^+$ | $1.3 \times 10^{-3}$ |
| 트라이에틸아민 (Triethylamine) | $(C_2H_5)_3N$ | $(C_2H_5)_3NH^+$ | $4.0 \times 10^{-4}$ |
| 하이드록실아민 (Hydroxylamine) | $HONH_2$ | $HONH_3^+$ | $1.1 \times 10^{-8}$ |
| 하이드라진 (Hydrazine) | $H_2NNH_2$ | $H_2NNH_3^+$ | $3.0 \times 10^{-6}$ |
| 아닐린 (Aniline) | $C_6H_5NH_2$ | $C_6H_5NH_3^+$ | $3.8 \times 10^{-10}$ |
| 피리딘 (Pyridine) | $C_5H_5N$ | $C_5H_5NH^+$ | $1.7 \times 10^{-9}$ |

# F-4. 주요한 지시약의 변색과 pH범위

| 지시약 | pH 범위, 변색 | 용 액 |
|---|---|---|
| Methylviolet | 황, 청 0.2 ~ 0.3 보라 | $H_2O$ |
| Thymolblue | 적 1.2 ~ 2.8 황 | $H_2O$(+NaOH) |
| Benzopurpurin | 보라 1.2 ~ 4.0 적 | 20% Alcohol |
| Methylorange | 적 3.1 ~ 4.4 노랑 | $H_2O$ |
| Bromophenolblue | 황 3.0 ~ 4.6 청자 | $H_2O$(+NaOH) |
| bromocresolgreen | 노랑 3.8 ~ 5.4 청 | 70% Alcohol |
| Methylred | 적 4.4 ~ 6.2 황 | $H_2O$(+NaOH) |
| Chlorophenolred | 황 4.8 ~6.8 적 | $H_2O$(+NaOH) |
| Bromcresolpurple | 황 5.2 ~ 6.8 적자 | $H_2O$(+NaOH) |
| Litmus | 적 4.5 ~ 8.3 청 | $H_2O$ |
| Bromothymolblue | 황 6.0 ~ 7.6 청 | $H_2O$(+NaOH) |
| Phenolred | 황 6.8 ~ 8.2 적 | $H_2O$(+NaOH) |
| Thymolblue | 황 8.0 ~ 9.6 청 | $H_2O$(+NaOH) |
| Phenolphthalein | 무 8.3 ~ 10.0 분홍 | 70% Alcohol |
| Thymolphthalein | 황 9.3 ~ 10.5 청 | 70% Alcohol |
| Alizarin yellow R | 황 10.0 ~ 12.0 적 | 95% Alcohol |
| Indigo carmine | 청 11.4 ~ 13.0 황 | 50% Alcohol |
| trinitrobenzene | 무 12.0 ~ 14.0 등 | 70% Alcohol |

## F-5. 표준환원전위

| 반쪽 반응 | | 반쪽 반응 | |
|---|---|---|---|
| $Ag^{2+} + e^- \rightarrow Ag^+$ | 1.99 | $O_2 + 2H_2O + 4e^- \rightarrow 4OH^-$ | 0.40 |
| $Co^{3+} + e^- \rightarrow Co^{2+}$ | 1.82 | $Cu^{2+} + 2e^- \rightarrow Cu$ | 0.34 |
| $H_2O_2 + 2H^+ + 2e^- \rightarrow 2H_2O$ | 1.78 | $Hg_2Cl_2 + 2e^- \rightarrow 2Hg + 2Cl^-$ | 0.34 |
| $Ce^{4+} + e^- \rightarrow Ce^{3+}$ | 1.70 | $AgCl + e^- \rightarrow Ag + Cl^-$ | 0.22 |
| $PbO_2 + 4H^+ + SO_4^{2-} + 2e^- \rightarrow PbSO_4 + 2H_2O$ | 1.69 | $SO_4^{2-} + 4H^+ + 2e^- \rightarrow H_2SO_3 + H_2O$ | 0.20 |
| $MnO_4^- + 4H^+ + 3e^- \rightarrow MnO_2 + 2H_2O$ | 1.68 | $Cu^{2+} + e^- \rightarrow Cu^+$ | 0.16 |
| $2e^- + 2H^+ + IO_4^- \rightarrow IO_3^- + H_2O$ | 1.60 | $2H^+ + 2e^- \rightarrow H_2$ | 0.00 |
| $MnO_4^- + 8H^+ + 5e^- \rightarrow Mn^{2+} + 4H_2O$ | 1.51 | $Fe^{3+} + 3e^- \rightarrow Fe$ | −0.036 |
| $Au^{3+} + 3e^- \rightarrow Au$ | 1.50 | $Pb^{2+} + 2e^- \rightarrow Pb$ | −0.13 |
| $PbO_2 + 4H^+ + 2e^- \rightarrow Pb^{2+} + 2H_2O$ | 1.46 | $Sn^{2+} + 2e^- \rightarrow Sn$ | −0.14 |
| $Cl_2 + 2e^- \rightarrow 2Cl^-$ | 1.36 | $Ni^{2+} + 2e^- \rightarrow Ni$ | −0.23 |
| $Cr_2O_7^{2-} + 14H^+ + 6e^- \rightarrow 2Cr^{3+} + 7H_2O$ | 1.33 | $PbSO_4 + 2e^- \rightarrow Pb + SO_4^{2-}$ | −0.35 |
| $O_2 + 4H^+ + 4e^- \rightarrow 2H_2O$ | 1.23 | $Cd^{2+} + 2e^- \rightarrow Cd$ | −0.40 |
| $MnO_2 + 4H^+ + 2e^- \rightarrow Mn^{2+} + 2H_2O$ | 1.21 | $Fe^{2+} + 2e^- \rightarrow Fe$ | −0.44 |
| $IO_3^- + 6H^+ + 5e^- \rightarrow \frac{1}{2}I_2 + 3H_2O$ | 1.20 | $Cr^{3+} + e^- \rightarrow Cr^{2+}$ | −0.50 |
| $Br_2 + 2e^- \rightarrow 2Br^-$ | 1.09 | $Cr^{3+} + 3e^- \rightarrow Cr$ | −0.73 |
| $VO_2^+ + 2H^+ + e^- \rightarrow VO^{2+} + H_2O$ | 1.00 | $Zn^{2+} + 2e^- \rightarrow Zn$ | −0.76 |
| $AuCl_4^- + 3e^- \rightarrow Au + 4Cl^-$ | 0.99 | $2H_2O + 2e^- \rightarrow H_2 + 2OH^-$ | −0.83 |
| $NO_3^- + 4H^+ + 3e^- \rightarrow NO + 2H_2O$ | 0.96 | $Mn^{2+} + 2e^- \rightarrow Mn$ | −1.18 |
| $ClO_2 + e^- \rightarrow ClO_2^-$ | 0.954 | $Al^{3+} + 3e^- \rightarrow Al$ | −1.66 |
| $2Hg^{2+} + 2e^- \rightarrow Hg_2^{2+}$ | 0.91 | $H_2 + 2e^- \rightarrow 2H^-$ | −2.23 |
| $Ag^+ + e^- \rightarrow Ag$ | 0.80 | $Mg^{2+} + 2e^- \rightarrow Mg$ | −2.37 |
| $Hg_2^{2+} + 2e^- \rightarrow 2Hg$ | 0.80 | $La^{3+} + 3e^- \rightarrow La$ | −2.37 |
| $Fe^{3+} + e^- \rightarrow Fe^{2+}$ | 0.77 | $Na^+ + e^- \rightarrow Na$ | −2.71 |
| $O_2 + 2H^+ + 2e^- \rightarrow H_2O_2$ | 0.68 | $Ca^{2+} + 2e^- \rightarrow Ca$ | −2.76 |
| $MnO_4^- + e^- \rightarrow MnO_4^{2-}$ | 0.56 | $Ba^{2+} + 2e^- \rightarrow Ba$ | −2.90 |
| $I_2 + 2e^- \rightarrow 2I^-$ | 0.54 | $K^+ + e^- \rightarrow K$ | −2.92 |
| $Cu^+ + e^- \rightarrow Cu$ | 0.52 | $Li^+ + e^- \rightarrow Li$ | −3.05 |

# 일반화학실험

인쇄 | 2021년 2월 05일
발행 | 2021년 2월 10일

지은이 | 이석중 · 전민아 · 최진주
고려대학교 교양화학실

펴낸이 | 조승식
펴낸곳 | (주)도서출판 북스힐

등 록 | 1998년 7월 28일 제22-457호
주 소 | 서울시 강북구 한천로 153길 17
전 화 | (02) 994-0071
팩 스 | (02) 994-0073

홈페이지 | www.bookshill.com
이메일 | bookshill@bookshill.com

정가 18,000원

ISBN 979-11-5971-266-1